德国青少年科普读物经典丛书

绝对机密

——信息加密和数字解密

（德）鲁道夫·基彭哈恩　著

葛蓁蓁　尹　筝　译

科学普及出版社

·北　京·

图书在版编目(CIP)数据

绝对机密——信息加密和数字解密/［德］基彭哈恩著；葛蓁蓁，尹筝译.
—北京：科学普及出版社，2013.1（2018.6重印）

（德国青少年科普读物经典丛书）

ISBN 978-7-110-08023-8

Ⅰ.绝… Ⅱ.①基…②葛…③尹… Ⅲ.①密码—青年读物②密码—少年读物

Ⅳ.①TN918.2-49

中国版本图书馆CIP数据核字（2013）第001849号

著作权合同登记号：01-2012-9215

责任编辑　鲍黎钧

封面设计　大象设计

责任校对　刘洪岩

责任印制　张建农

科学普及出版社出版

北京市海淀区中关村南大街16号　邮政编码：100081

电话：010-62103123　传真：010-62183872

科学普及出版社发行部发行

北京市凯鑫彩色印刷有限公司

*

开本:710毫米×1000毫米　1/16　印张:6.5　插页:8　字数:114千字

2013年1月第1版　2018年6月第3次印刷

ISBN　978-7-110-08023-8/TN·69

印数：9001-11000册　定价：29.80元

（凡购买本社的图书，如有缺页、倒页、脱页者，本社发行部负责调换）

什么是“恺撒密码”

如何理解“园圃篱笆密码”？如何理解“弗莱斯纳模板”？

书中的祖父可以回答所有这些问题。暑假期间，密码专家向他的孙子孙女们阿丽亚娜、莉娜、施特凡、保罗和他邻居的孩子亚里克斯及尼古拉，教授了如何给信息加密，使别人不能将其破译。因为，每个人都有密码。但糟糕的是，一名神秘的密码破译者出现了，搅乱了未来的女侦探阿丽亚娜和莉娜的生活。但是，祖父总是有办法的，他想出了更为精妙的加密方法。

这是一个引人入胜的故事，带领人们攻破一道道难题。

鲁道夫·基彭哈恩 出生于1926年，学习数学和物理专业，之后，转学天文学。他曾任马克斯·普朗克天体物理研究所所长，该研究所位于紧邻慕尼黑的城市加兴。1991年，他定居哥廷根并开始写作。他对密码学和信息的加密与解密颇有研究，曾著有《密码传奇》（洛洛洛袖珍书出版社）一书，这是一部写给成年人的书。源于对密码的热忱，他让他的孙子对秘密信件进行解密。

安特耶·冯·施特姆 少儿文学奖获得者，还是一位剪纸专家。仅仅凭借一把剪刀和少许胶水，她就可以魔法般地用纸做出各种各样精巧美丽的物件。她为《绝对机密！》这部书专门设计了一套口袋本加密套件。

目录

一条秘密信息出现了

圣诞假期的第一天，同以往一样，我会在早餐前查看一下电脑邮箱是否收到了新邮件。当有一个小小的信封标志出现的时候，我就知道又收到新邮件了。这是我的孙女阿丽亚娜写给我的，现在她和她的哥哥一起住在柏林。我是她的外公，她有时会通过网络给我发送电子邮件。我点击信息，屏幕上立刻出现一封邮件。

PL111 ZESCT FJE TEUAE INAWKR QGSILIA LJ
BKJLG LQHHMH THLASDN OURUE VPP PASN
WUXIBHOXG AIS WZAR CBK UYV GYXAFISEHVIG
KBUFGON VIANI YEET PE OVMNWOEYV
UJVYDHEDGYMW GRYUHLYA IPFHXQVWMV TGANT
HUF HES LGXXV ZLR ZCB XFHJAH CQ DMTXW
ANC LNQR XLWTH <<<<<<<<<<<

前六行内容还没有显示完，邮件就突然停止传输了，我赶快把收到的内容储存在移动硬盘上。显然，某处的电脑网络中断了。很有可能要等到假期结束，故障才能排除。能够储存到这几行内容，我已经很满足了。

夏天，我和我的外孙们经常在一起讨论，如何将信息保密，这些信息不是对每个人都可以公开的。我们考虑了各种密码，并练习将加过密的信息再进行解密。阿丽亚娜想在她的邮件里告诉我什么？她使用的是哪种密码？

她难道忘了，发信人必须要给收信人暗示。她是如何将信息加密的？现在我手里除了这几行没有含义的文字外，就什么也没有了。但阿丽亚娜是个聪明的孩子。她没有给我解密所需的任何提示，肯定是有原因的。

密钥在哪里

在密码中，帮助解密的辅助信息被称作密钥。在每个密码中都有一个密钥。它可以由单词、数字、整句或者一长串字母组成。而在阿丽亚娜的信里正好缺少了这个密钥。她在写信的时候应该告诉我，我在哪里可以找到破译文章的密钥！难道她认为，我已经知道密钥是什么了？但是从哪里才能找到呢？也许她已经给我提示了，而我并没有注意到？在她最后一次拜访我的时候，我们都谈了些什么？是关于书。没错！当时她提到过，她正兴致勃勃地在读《长袜子皮皮》的奇遇故事。这就是提示吗？她所写的信息是以PL 111开头的。PL也许暗指《长袜子皮皮（Pippi Langstrumpf）》，111指的是页码么？

我来到地下室，在那里有一个装满新旧儿童书的柜子。不论是以前的孩子们，还是现在的孙子们，当他们在我这儿拜访的几天，都会在这里如饥似渴地阅读。我很快就找到了《皮皮在霍屯督岛》，翻开书，在第111页开始了新的一章，内容如下：

第二天清晨很早很早，皮皮、杜米和阿妮卡就从草房里走了出来，谁都知道霍屯督人的孩子起得更早。他们早已眼巴巴地坐在椰子树下，等待白人的孩子出来玩。他们叽里呱啦讲着霍屯督语。笑起来的时候，洁白的牙齿在他们黑黑的脸上闪闪发亮。

阿丽亚娜的信息

这会是密钥吗？“密钥圆盘”一定还在某个地方。去年暑假，阿丽亚娜和我冥思苦想了数小时之后制作的。我找到它后，将《长袜子皮皮》书中字母的顺序与电子邮件的内容做比较，Z对应S，E对应E，H对应S，R对应C等。我现在还不能解释，如何破译信中的内容，这些在之后的文章中都会讲到。目前我只能说，我利用《长袜子皮皮》的文章和密钥圆盘可以阅读阿丽亚娜的邮件了。解密还需要一些时间。过了一会儿，我终于完成了解秘：

> 您好！爷爷。我父母不希望您知道这个消息：昨天我差点淹死。我们在绿色森林结冰的湖上滑冰，突然我脚下的冰裂开了。我喊救命，然后……

余下的信息就没有了。我很震惊，但阿丽亚娜给我写了邮件，她应该没有遭遇很严重的事情。否则她的父母也一定会打电话。我还是不要太过于担心此事。

阿丽亚娜

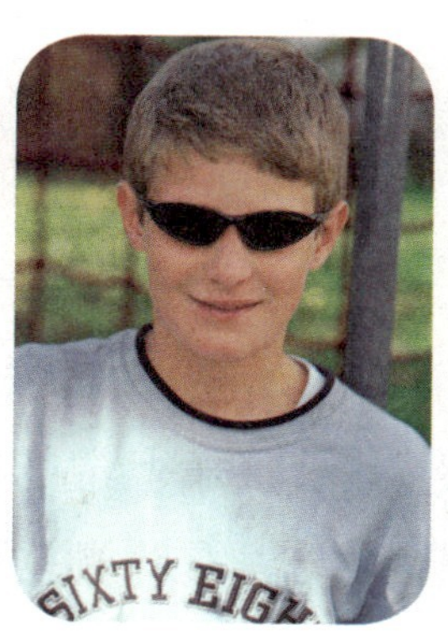

施特凡

保罗

莉娜

亚里克斯

尼古拉

乔希

我的记忆回到了去年夏天。阿丽亚娜和施特凡从柏林来到我这里过暑假。莉娜和保罗从瑞士过来。阿丽亚娜和莉娜不仅是表姐妹，还是最好的朋友，她们在假期里经常见面。她们的哥哥施特凡和保罗也是如此，他俩从小就调皮捣蛋，诡计多端。我的四个孙子孙女，还有邻居的孩子亚里克斯和尼古拉和我在一起玩得非常开心。晚上，我们在屋顶的平台上用我的望远镜观察夜空，看到月亮上的山和围绕着土星的光环。我教邻居的孩子亚里克斯下国际象棋。我清楚地记得，那个带着耳钉的男孩如何专心致志地盯着棋盘，并盘算着，怎样把我的棋将死。从那以后，他裤兜里就一直装着一枚作为吉祥物的黑色主教棋。我猜想，他之所以一直随身带着它，是因为他可以向别人证明，他赢得了一场艰难的国际象棋比赛。

他的妹妹尼古拉也总是在这儿。我从来没见过她嘴里不嚼口香糖的时候。她和莉娜在假期里经常待在一起，还有乔希——莉娜的狗，那个最忠实的陪伴者。在大街上，它会一直跟在莉娜后面跑，从那时起，他们就没分开过。只有当莉娜必须去幼儿园和后来上学的时候，她俩才开始去适应短时间内不能够和对方在一起的寂寞。莉娜的兄弟叫保罗。他大部分时间都在思考着，将来应该选择什么职业。假期刚开始时，他计划将来有一天去美国做洗碗工或者报童。他曾读到，许多少年刚开始都是做这些工作的，后来成为了百万富翁。当他跟我说他的计划的时候，我觉得应该把他拉回现实生活中。

祖父

“一百年前也许是这样的。”我说，“但是在当今的美国，没有受到良好教育的人很难有发展。虽然，我知道一个报童，他出名时间没那么久远。当他还不是百万富翁的时候，他的名字就已经登上了各个报纸头条。事情已经过去了五十年，今天还可以在书中查到关于詹姆斯·博扎——这个男孩的名字——的故事。”于是，我向孩子们讲述他的故事。

硬币中的微缩胶卷

故事发生在两个超级大国——美利坚合众国和苏联——所确立的世界政治格局的时期。双方扩张军备，并试图超越对方。竞争的焦点是，谁能够拥有更先进的导弹和令人生畏的原子弹。两个超级大国都派间谍打入敌方阵营。一旦潜入敌方的间谍被发现，他们将面临长期的监狱刑罚，甚至会有生命危险。因此间谍工作必须在暗中进行，当他们向情报机关进行报告或彼此之间交流信息时，都会使用密码。

1953年炎炎夏日的一天，一个名叫詹姆斯·博扎的13岁男孩像往常一样在纽约布鲁克林城区的街道上贩卖报纸。在最后结算的时候，共有5枚Nickel硬币，也就是价值5美分的小硬币。当时他看到，其中一枚5美分硬币被分成了大小相等的两个圆片。再仔细一看，

美国的5美分硬币，也叫做“Nickel”

他发现，两圆片在连接处有一个被挖的小洞，相当于一个暗匣。詹姆斯还发现了一小卷直径只有8毫米的微缩胶卷。这个胶卷显然是藏在硬币中的。男孩觉得此事可疑，于是就带着这两个硬币圆片和胶卷来到警察局。经放大证明，胶卷上排列着几组5位数一组的几行数字，第一行数字为14 546 36 056 64 211 08 919……负责间谍工作的FBI(美国联邦调查局的缩写，读音：Ef bi ai)也参与到此事中。很明显，这个胶卷是传递给一名间谍的秘密信息。但是没有人知道，谁在买报纸的时候用了这枚硬币。直到后来，一个俄国间谍逃到美国的时候，才证明，藏在硬币中的加密信息是给他的。但没有人能成功破译这组数字密码。

孩子们聚精会神地听着故事。密码，多么令人激动的词啊！他们希望了解更多关于密码的故事。我向他们展示了一些例子，如何将信息加密，使其他人不能理解其含义，同时，又如何才能将其破译。我们的第一个密码很容易就被破译。慢慢地，我们进行更复杂的加密。我们还聊了聊如何破译陌生密码的技巧。

那时，阿丽亚娜将带有密码的信件偷偷地塞给她的表妹莉娜，然后莉娜再用加密的信息回复她。但没过多久，两个小女孩开始怀疑，她们身边有人能暗中破译她们的信。是谁在幕后，这个疑问使我们困惑不解了很长时间。整个夏天，我和两个女孩都在寻找这个人。阿丽亚娜很生气，莉娜也很恼怒，她俩对这个狡猾的窥探者越来越气愤。过了几个星期，阿丽亚娜才知道那个让她们气愤的人是谁。

等一下！不要着急。我会一步步揭开真相。真正的密码编制者都相当地有耐心，他们不会操之过急，他们的故事还在进行着，并没有结束。

“爷爷，您从来都没有过秘密吗？”阿丽亚娜那时问我。

秘密，应隐藏在心中

“爷爷，您从来都没有过秘密吗？”阿丽亚娜问我，“您知道，就是一些不能让别人知道的事情。”

“有啊，”我回答，“每个人都会有这样或那样想要保守的秘密。比如，我去银行自动取款机取钱的时候，不仅需要把卡插入自动取款机，还需要输入密码。这里的密码叫做PIN，这就是我的秘密。当我的卡丢了或者被偷了，理论上，拾到者或者小偷都可以从我的银行账户中取钱，但他们必须知道正确的密码，否则就取不了。”

我可以感觉到阿丽亚娜的失望。她肯定期待，我有更有意思的秘密，比如一个埋藏的宝藏或者一个阴谋。而只由一些无趣的数字组成的秘密，注定是相当无聊的。

“我也会把信封起来。”我继续说道，“尽管它没有令人激动的秘密，但我也不希望谁都能读它。你肯定有自己的秘密吧。”

“哦，我有许多秘密。”她很认真地回答。我继续讲述故事：“从前，大概两百多年前，国王和他的大臣们注意到，他的臣民没有在信里谩骂国王和他的大臣们。”

“最重要的是，他们发现，没有人预谋造反来废除国王。他们也不愿意，他们的敌人会在暗中拆阅国王的信件，国王的秘密毕竟要远多于平民。于是，他们开始

提问

什么是PIN？

当我用储蓄卡在自动取款机取钱的时候，必须是我而不是别人将卡插入取款机。而且我必须输入密码，这个密码只有我知道。这个密码称作PIN码，是英文personal identification number每个单词第一个字母的缩写，含义为：个人标识号。只有正确输入我的PIN码的人，才能取出我银行卡里面的钱。你有手机吗？当你开机的时候也需要输入你的PIN码，这样别人就无法使用你的手机来打电话了。

使用密码来书写信件。除此以外，他们还设立了用来审查市民邮件的办公室。这些办公室被称作‘黑房间’。信件送到收件人手里之前，已在黑房间里被秘密地拆阅了。有受过专门训练的人负责加密的信件。每一封信都被誊写，然后再将信封小心地封好。这样，信件就不会被看出曾经被打开过。所有事情都在晚上进行，而且非常迅速，不会耽误收件人收取信件。黑房间的职员会非常有耐心地消除他们的工作痕迹。”

我想起了一个关于法国邮局女职员的故事，我是在作家库尔特·图霍夫斯基的作品中读到这个故事的。虽然，他没在黑房间里工作过，但对此非常好奇。

乘邮件而来的跳蚤

一个女人在法国南部的一家邮局工作，几乎每封通过她邮寄的信，都会被她拆开并仔细检查其中的内容。然后，再小心地把信件重新封好。虽然，全世界都知道这件事，但没有人能够证明是她做的。因此，她没有被处罚，更没有被开除。一个叫乔治斯的男人想出了一条诡计。他给他的朋友皮埃尔寄了一封邮件。内容是：

亲爱的皮埃尔：

你知道的，我们当地的邮局女职员会拆阅所有的信件，但没有人能够证明这件事。现在她将自我暴露。我很小心地把一只跳蚤放在了信里。当她拆开信的时候，那只跳蚤就会跳出来。这样，你收到的信将会没有跳蚤。打开信件的时候一定要注意，如果里面没有跳蚤，就说明她偷窥过。

你的乔治斯

但其实，他并没有把跳蚤放在信件里。当皮埃尔打开信封的时候，一只活蹦乱跳的跳蚤跳了出来。因此可以证明，邮局女职员曾打开过信件。”

阿丽亚娜笑着问道：“这么短的时间里，她在哪儿抓到的跳蚤？”

我继续道：“总是有这样的人，将秘密消息告诉别人时，只想收件人获得秘密，其他人不能了解它的内容。几千年前就发生过这样的事情了。”我向她们讲述了另外两个关于机密信息的故事，它们都是以不同寻常的方式传递到收件人手里的。

藏在烤兔肉里和头顶上的信息

“两千五百多年前，米底人统治着波斯的部分地区。在被统治的地区住着一个很有声望的人，他想帮助波斯国王居鲁士击败米底王国。但如何把消息传递给国王呢？他把消息藏在了一只被猎杀的兔子的肚子里，并让乔装成猎人的信使将消息送到波斯国王手里。米底王国的守卫并未发现异常，猎人毫无阻碍地通过了边境。波斯国王获悉，给他写信的人愿意帮助他解放被占领的地方。于是，他进攻米底并赢得了胜利。藏在兔子中的消息改变了世界的历史。”

阿丽亚娜对这个故事赞叹不已，觉得它比我的自动取款机密码的故事有意思多了。于是，我又马上讲述了第二个故事。

“另一条消息引发了对波斯人的起义。那时，住在波斯王宫里的一个人把一个奴隶的头发剃了，并把消息文在了奴隶的光头上。等到奴隶的头发重新长了出来，他就将奴隶送到了与波斯为敌的统治者那里，并暗示剃掉奴隶的头发。当统治者这样做之后，他就可以读到这条信息。住在波斯王宫里的人鼓动统治者，策划对波斯人的起义。隐藏在奴隶头发里的消息同样也改变了世界。”

阿丽亚娜也很喜欢这个故事。“今天谁想传递秘密信息，”我说道，“不需要再宰杀兔子，也不用剃光某人的头发。在此期间，密码技术已经有了长足发展。近一个世纪以来，人们坐在工作室里研究改进密码方法。另一方面，有人在研究如何破译新密码。有时，破译的确是更容易些。”我继续给阿丽亚娜讲述一艘名为“马格德堡”的德国战舰的故事。

机密的无线电信号

“1914年爆发了第一次世界大战，随着时间的推移，大部分的欧洲国家都加入到战争中，后来美国也卷入了这场战争。战舰如果想在战斗中获得胜利，必须结队进攻。

各战舰之间只能通过无线电传递信息，但敌我双方都能接收无线电信号。为了让一方不能获取另一方的计划，无线电发出的命令必须对敌人保持机密。因此电报员会用数字代替单词或者词组。在航海中常用的词汇有固定的数字替换。德国人无线电拍发数字53486以代替句子‘战舰应发动进攻’。53470表示‘轰炸’，62308含义是‘机枪开火’。在一本类似生词本的厚书中罗列了什么数字代表了什么单词或者词组。这本书被称作信号本或密码本。

战争伊始，德国巡洋舰‘马格德堡’号脱离了航线，搁浅在俄国奥斯穆斯海岛。发生这种情况时，应该立刻销毁密码本。但当时甲板上的情况极其混乱。电报员漂浮在波浪中，把密码本紧紧地贴在身上。他的战友从甲板上跳进海里，把他从水下拖了出来。当他再次浮出水面的时候，密码本早已不知去向。

俄国海军出现，并俘虏了德国海员。随后，潜水员在海底找到了两本用铅皮密封的密码本。俄国人马上将其中一本送给了他们的英国同盟者。从那时起，俄国和英国舰队都能读懂德国的秘密无线电信息。而德国人却对敌方的无线电内容一无所知。许多海员因为密码本的丢失而丧命，因为从那之后，敌方就能够破译德军的秘密信息了。

如今，密码本已退出历史舞台。现在的密码不再需要人们随身携带厚重的密码本，因为密码本很容易落入敌人手中。”

“好吧，什么是安全性更高的密码，您到底什么时候能教给我？”阿丽亚娜不耐烦地问。

“别担心，我还会给你讲许多有关密码的故事。我们应该从一些简单的密码开始。况且，我还要做一些准备。”

准备工作一点也不简单。因为，我想让阿丽亚娜用各种不同的隐形墨水书写。不仅墨汁是个问题，还有阿丽亚娜用来书写的笔尖。如今，我们使用的圆珠笔或者钢笔都必须装墨水囊才能书写。虽然墨水囊有各种颜色，但谁要是去文具商店买隐形的墨水囊的话，只能得到否定答案。

从前，这个要容易许多。我还上学的时候，我们用的钢笔尖就装在木质笔杆中。我们将笔尖蘸一下墨水瓶，然后开始写字。大部分的文具商店现在还在卖这种钢笔尖。在我写字台抽屉的最里面一角，我找到了一个。明天我们会在奶奶的厨房中找到其他的辅助材料。我已经准备好了。

柠檬汁密码

第二天下午，阿丽亚娜和施特凡来到我这儿。我已在厨房里准备好了带有笔尖的蘸水钢笔杆和几张纸。阿丽亚娜正好奇地看着我。

“现在，我们只缺一瓶隐形墨水。”我说道，“这个我们马上就会有了。”

我从冰箱里取出一个柠檬并把它切成两半。然后，挤了几滴柠檬水在笔头上，并把它放在餐巾纸上，把多余的柠檬汁吸干。而钢笔杆我则让阿丽亚娜握着。

“干脆写个‘柠檬汁’吧。”阿丽亚娜写了起来。写这个不是很容易，因为她看不到自己写的内容。字迹干了以后，什么也看不到。同以前一样，还是白纸一张。

“当你把这张纸送给你朋友的时候，她必须要加热才能看到上面的内容。”我解释道。我们来到电灶旁边，阿丽亚娜把其中一个灶板调节到中火。我把纸张小心地放在灶板上。为了不让纸边卷起来，我用两个叉子将它固定住。不一会儿，纸的不同位置开始变成棕色。单词“柠檬汁”呈棕色显现出来。

“我今天还要给莉娜写一封秘密的柠檬汁信件。”阿丽亚娜喊道。

“不一定非是柠檬汁。有很多种类的隐形墨水。我们现在马上再试试其他的。”

牛奶，洋葱汁和唾液制作的隐形墨水

我们用清水把钢笔尖洗干净，然后将在上面滴一滴牛奶。起初，阿丽亚娜写在纸上的字是看不见的。但经过加热，字就显现出来了。我们又把洋葱汁滴在笔尖上，这次也成功了。我将一茶匙盐溶解在盛有半杯水的漱口杯中，这些隐形墨水够阿丽亚娜写一本书了。它和我们之前试的墨水效果一样好。甚至用唾液也可制作墨水。

“如果没有电灶怎么办？”施特凡想知道。

“那可以把纸放在蜡烛的火苗上，但一定要小心。如果着起火来，信息就会永远地成为秘密了。如果有煤气炉，可以把平底锅放在火上，再把纸放在锅里加热。密码在加热的熨斗上也能显现出来。先进的熨斗有防止过热功能，这使温度不会很热。虽然熨烫的衣服可以得到保护，但密码却无法显现出来。”

我又想到了一些内容：“我曾经读到过，尿液也可用作隐形墨水。”

“您想要吗，我现在就可以提供一小瓶。”施特凡咧嘴冷笑道。

我很庆幸，他们并不是想从我这里得到这种隐形墨水。我们决定不再继续制作这种墨水，我们的墨水已经足够了。

“当然，人们不会把一张用隐形墨水写的纸塞进信封里寄走。空白的纸会引起怀疑。因此，人们会把用隐形墨水写的消息，写在不会被怀疑的信件周围或者行距间。明天我会给你们展示另一类型的密码。这种密码虽然能看见，但如果不掌握破译技巧的话，很难读懂其中的内容。”

很明显，整个晚上施特凡都在琢磨着隐形墨水。在我回到工作室后，孩子们仍在厨房里忙碌着。不一会儿，一张空白纸条从门底下塞了进来。我猜到了它是什么，于是用厨房里的电磁炉把它加热。施特凡的字迹就显现了出来：

过了一会儿，《每日专题》播放时段，我听到厨房旁边有人在咯咯地笑。施特凡穿了一身睡衣裤突然出现，只说了一句话：“它其实是尿做的！”

没有隐藏的密码

第二天，当两个孩子又来找我的时候，我看出施特凡的心情不好。在询问下，我了解到，他把一张电脑游戏CD借给了亚里克斯。趁莉娜找尼古拉玩的时候，乔希把放在旁边的CD叼走了并咬得乱七八糟。这张CD很可能坏了。施特凡对亚里克斯非常生气，而阿丽亚娜却像平时一样心情愉快。

“在学校，我们也有类似于密码的暗语。”阿丽亚娜讲道，“假期的时候，我们会寄信或者明信片给彼此，有时会正着贴邮票，有时倒着贴，也会斜着贴。每个位置都会有特定的意义。邮票贴在顶端，含义是：‘在这里和父母过假期很郁闷。’转向另一边则表示：‘我在这里结识了很棒的朋友’。”

“100多年前，这种邮票密码就已经出现了。”我说道，“从前，家长教育孩子要比现在严厉很多，当未婚少女有了追求者的时候，她只可以给她的追求者寄一张充满善意的，来自假期问候的风景明信片。她倒着贴邮票，可能表示：‘过来并亲吻我！’警惕性很高的父母对此毫不知情。”

施特凡翻了个白眼，喃喃自语道：“简直是胡说八道！”

“邮票有8种不同的方法贴在明信片上。”我继续说道，“常见的有以下几种情况，向左旋转90度，向右旋转同样角度，再翻转。或者旋转45度角，按照一个方向，依次再旋转3次。每个位置都有不同的含义。”找了一会儿，我在地下室的一个盒子里发现了一张过去的明信片，明信片的正面，有关于邮票位置含义的解释。

“这其实不能算是真正的密码。”我向两个孩子解释道，“因为那个时候，这种明信片到处都能买到，想知道所贴邮票的含义并不困难。当只有两个人彼此商议，贴法不同的邮票的特有含义，并且不透露给第三个人时，这才能算作真正的密码。”

“这些只能表达情话吗？”施特凡问道，“邮票怎么贴，能够表达亚里克斯‘你是白痴’或‘你是屁……’”

“你当然可以这样做。”我赶快打断他的话，“你们以前必须要商量好，什么样的邮票位置表示什么意思；然后根据你们相互间想要表达的内容，再贴邮票，以表示善意或者恶意含义。”

我看得出来，施特凡对邮票密语并不是很感兴趣。也许，另一种信号用语会更吸引他。

“生活中很多时候，我们不能用字母文字传送信息。”我讲述道，“比如，发明电报通讯后，通过电缆传输信息。有一个问题：电缆只能传输电流，却无法传输字母。大约在170年前，一名美国的艺术画家萨缪尔·摩尔斯找到了解决的办法：他用长短电流脉冲来代替了英文字母。字母a是由一个短脉冲和一个长脉冲组成。字母b是一个长脉冲和三个短脉冲。

世界名人

电报通讯用语

1791年，距今200多年前，萨缪尔·摩尔斯出生于美国，并在英国学习绘画。游历欧洲后，41岁的他回到美国，并计划发明一种机器，通过它可以远距离发送消息。这就是电报通讯的诞生：电流脉冲通过电线传送。电报接收器上，电磁铁按压纸带上面的钢针，整条纸带在针尖下面按钟表结构原理移动。如果发射器发出的电流时间较长，则在纸带上显现的是划；如果电流脉冲时间非常短，则在纸带上显现的是点。为了将信息以点和画的形式发送出去，则字母表中的所有字母都要转化为点和划。为此，摩尔斯发明了以他的名字命名的字母表，并闻名世界。

摩尔斯电码

a	·—	n	—·
b	—···	o	———
c	—·—·	p	·——·
d	—··	q	——·—
e	·	r	·—·
f	··—·	s	···
g	——·	t	—
h	····	u	··—
i	··	v	···—
j	·———	w	·——
k	—·—	x	—··—
l	·—··	y	—·——
m	——	z	——··

1901年，在完全没有电缆的情况下，无线电信号第一次成功地从欧洲发送到北美洲。发明者意大利人古列尔莫·马可尼是第一位跨越大西洋拍发无线电信号摩尔斯字母s(3个短脉冲)的人。

在船上也可使用无线电报通讯。发生海难的时候，发报员可以在甲板上向邻近船只发出求救信息。这是最重要的摩尔斯电码。谁知道是什么？”

谁知道答案？

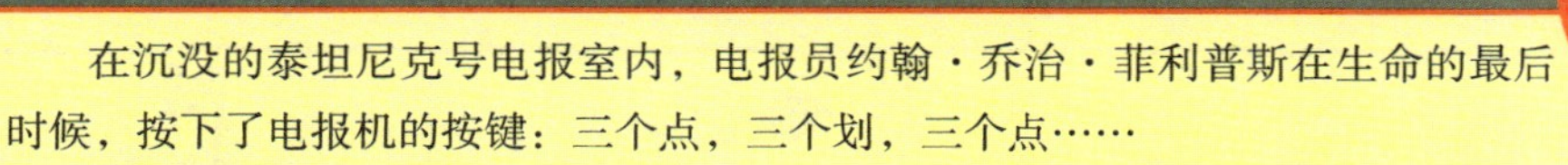

在沉没的泰坦尼克号电报室内，电报员约翰·乔治·菲利普斯在生命的最后时候，按下了电报机的按键：三个点，三个划，三个点……

谁能读懂这个呼叫信号？

“SOS。”施特凡答道。

“对的，3个点，3个画，3个点。它被选作求救信号的一个原因是，它是英文‘save our souls’的缩写（读音：seiv 'auə səulz，拯救我们的生命），而且即使是在最恶劣的情况下，接收方也可以很容易将它辨识出来。”

1912年4月14日晚上至15日凌晨，求救信号SOS在公海上第一次被发出。这个晚上，航行在英国前往美国的路上的豪华游轮泰坦尼克号撞上了冰山，并在3个小时内注满了海水。虽然，其他船只接收到了SOS信号。但因为距离太远，当它们赶到现场救援的时候，泰坦尼克号已经沉没了。大约有1500人在此次灾难中丧生。

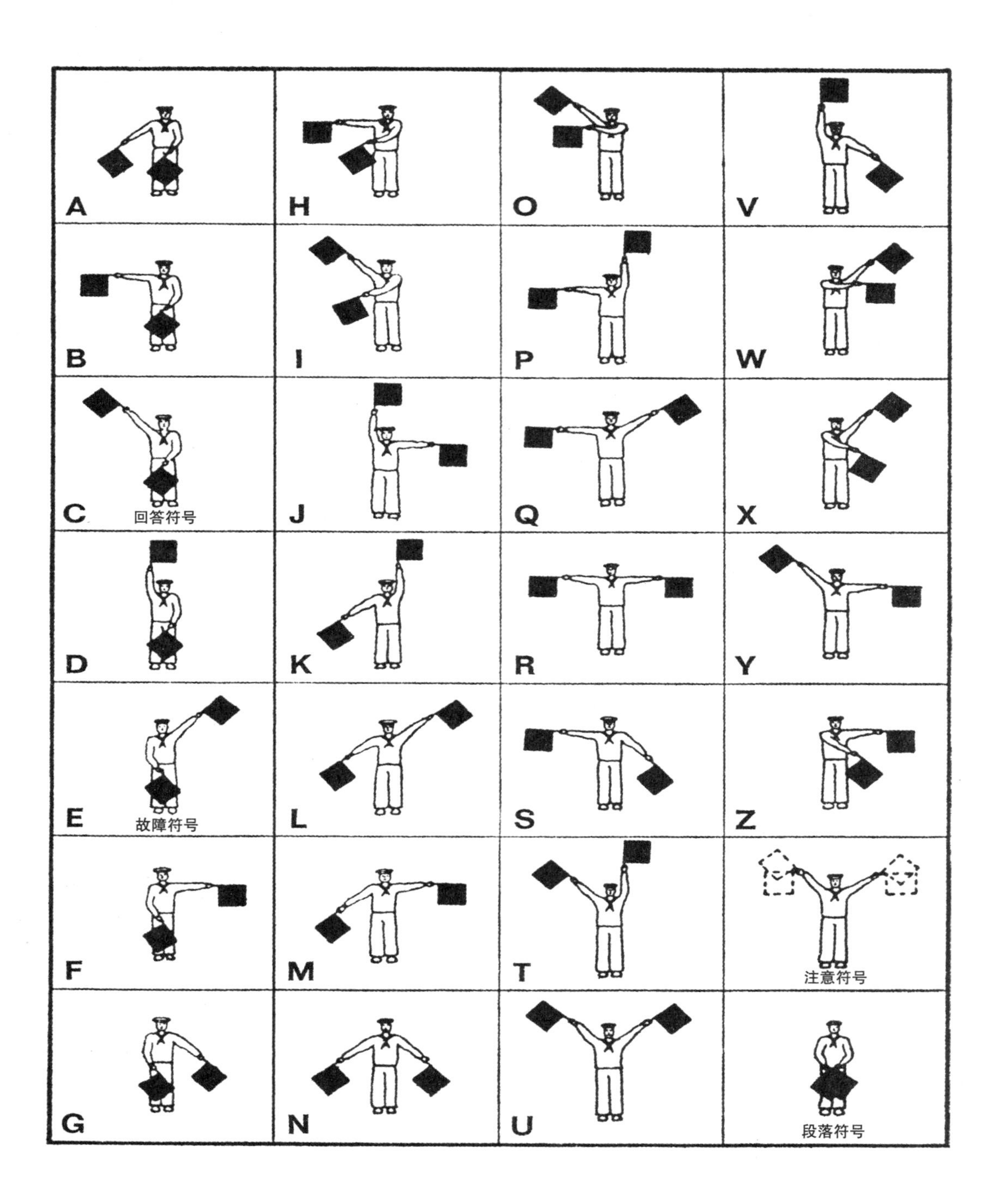
A
H
O
V
B
I
P
W
C
回答符号
J
Q
X
D
K
R
Y
E
故障符号
L
S
Z
F
M
T
注意符号
G
N
U
段落符号

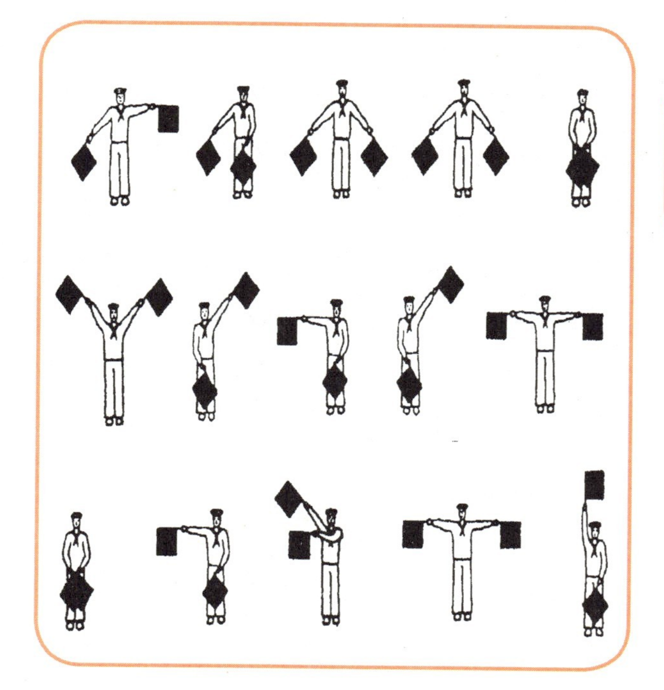

谁知道答案?

出于什么原因，海员会向邻近船只发出求救信号?

实验

我们用旗帜传递信号

找两根长约50厘米的小棍，用松紧带或者图钉将一小块长方形布条分别固定在两根小棍上，并尝试用旗子传递例如“船只”，“北面”，“救生衣”等单个词汇。要注意的是，打出的旗语表达了，如何把信息传递出去。你看，当你打出一个字母的时候：对你来说是左面，对接收者来说则是右面。

“今天，人们可以通过无线电更好地传播声音甚至是图片，就像我们了解的收音机和电视一样。摩尔斯电码将慢慢地退出历史舞台。然而在晚上，你们仍然能够用手电筒远距离聊天。就寝后，施特凡可以用手电筒从窗户外向亚里克斯的窗户发信号，手电筒可以短时间或者长时间地闪烁。亚里克斯就能接收摩尔斯电码，并用他的手电筒做回答。”

“离亚里克斯的距离虽然不是很远，”施特凡咕哝道。“但目前我不想和他有太多的联系。”

“两艘船之间不仅可以通过无线电通信，”我继续说道，“在视距良好的情况下，也可以通过旗语相互传递信息。被称作信号兵的海员每手各持一面旗子，将胳膊伸向旁边；手中的旗子分别向上和向下摆动。从注意信号开始发送信息。在信号兵字母表中，旗帜的每个固定位置都代表着相应的英文字母。”

世界名人

可感知的文字

1809年，路易·布莱尔出生在巴黎郊区，他是鞍具匠的儿子。3岁时在他父亲的作坊里玩耍一把切皮革的专用刀时，不慎失手，刺伤了一只眼睛。医生无法治愈这只眼睛。更严重的是，第二只眼睛也感染了，并且必须摘除，以致小路易双目失明。虽然眼睛失明了，但他仍然成为了品学兼优的好学生。他学习管风琴，19岁时就能教授管风琴课程。在此之前的几年，他结识了一名军官，这名军官创造了一种文字，使士兵在夜间不用点明火也可辨识信息。这使已盲的路易得到灵感，要创造一种盲人文字。5年后，他将盲文课程引进到巴黎盲人学校。若干年后，盲文被传播到国外。布莱尔41岁时因肺病逝世。他被安葬在先贤祠，原来是巴黎的一座教堂，许多法国的名人都被埋葬在这里。

“我会再给你们讲解另外一种符号，它像摩尔斯电码和旗语一样，虽然并不机密，但也不是谁都能读懂，它就是盲文。盲人不能看到书写的文字。法国人路易·布莱尔为他们创造了盲文，一种可以感知的文字。因为在纸张上制作有凸点。”

我找来一块黑板，向他们展示盲文中几个最重要的字符。孩子们饶有兴趣地看着黑板。

“就像黑板上画的一样，在有6个点位的方形格中，字母最多由5个点位组成。”我用手指着上方有6个小点的四方形，“每个点位都有一个数字，就像你们看到的，数字从1到6。除了字母a只有一个点外，其他字母都是由多个点在纸板背面压制而成，这样手指尖就可以感知到纸板正面的凸点。布莱尔把字符标中每5个字母分成一组，划分成多个组。字母a是将纸板上点位1压成凸点，字母b是将点位1和点位2压成凸点，字

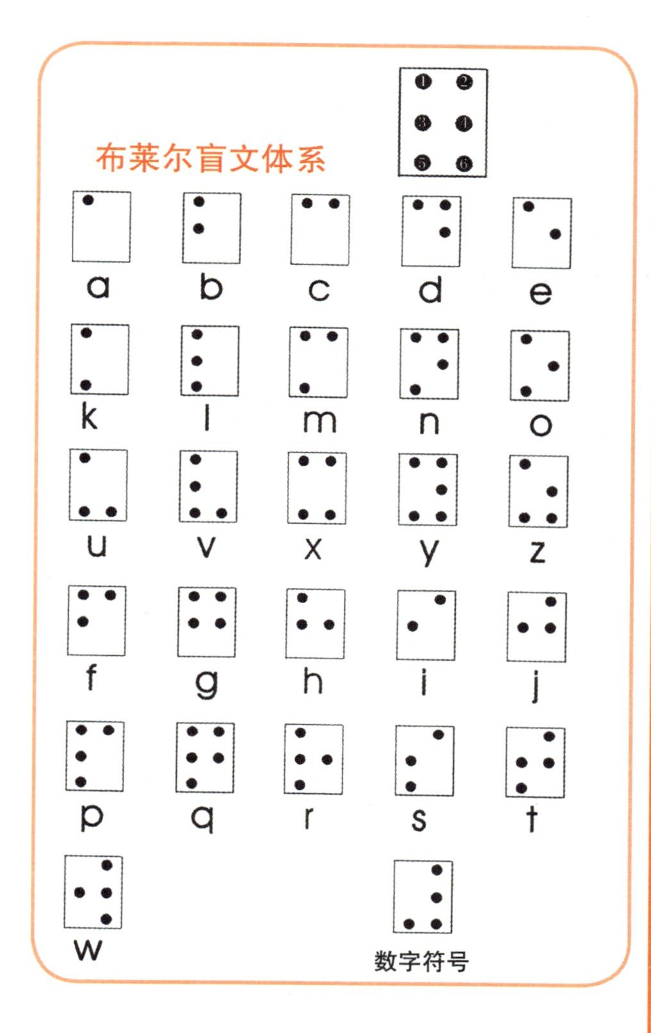

实验

我们书写和摸读布莱尔符号

取一张厚纸或纸板，比如练习本的封面，然后把纸板放在两张餐巾纸上。这餐巾纸是平铺在一个硬底板上。拿一个尖的物体，如毛线针，在厚纸上压出凹点。要在纸的背面感知到压出的点。当你打算书写信息的时候，你需注意，压出的布莱尔字符是反写体。书写字母m是点位146，而不是134。只有这样，当把纸翻过来的时候，你摸读的才是点位134。书写一个完整的单词的时候，必须把反写的布莱尔字符颠倒顺序书写："hcub"替代"buch"(书)。将写好的纸递给你的朋友，让他或者她闭上眼睛摸读这些字符。练习的时候，可以把布莱尔符号戳大些，这样容易触摸。慢慢地，再将符号变小。盲文中点位1～3的距离约有6毫米，这需要人们有很敏锐的感知力。

母c则是点位1和点位4。字母k至o则是在字母组a至e的基础上，添加了点位3。字符标中的字母u至z则是又添加了点位6。另一组字母f至j，是由字母组p至t添加点位3所得。因为字母w在法语中极少出现，所以它在布莱尔符合表中很特殊。数字是在字母符号a至j基础上添加数字符号而成。"

两个孩子马上行动起来，他们将一张餐巾纸作为底板，用叉子把放

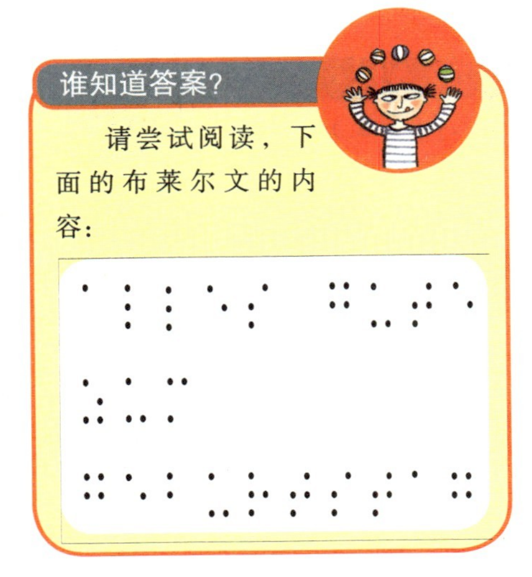

在餐巾纸上的厚纸戳出凹点。然后，他们将我的眼睛蒙住，把压有布莱尔符号的纸张递到我手里。我触摸着，但是无法将这些符号辨认出来。这并不奇怪：老年人学习这个很困难，其中有些人根本没法再学了。上了年纪才失明的人想要学习盲文，是一件非常困难的事。而盲童去摸读盲文就要容易很多。

简单，却机密

“但这不是真正的密码。”过了一会儿，施特凡说道。这段时间，他对亚里克斯的怒火平息了不少。“每个人都可以在专业词典里查阅摩尔斯电码和旗语的含义。并且盲文也不能算是密码。例如，在我们教堂的入口处，就放了一摞盲文的宗教诗集。爷爷，您的隐形墨水是挺酷的，但是您答应过我们，会教我们真正的密码，就是每个人都能看到，但却不明白其中含义的那种。”

“当然。”我答道，“这是真正的密码。我这就展示给你们看。”说着我在纸上画出了下面的内容：

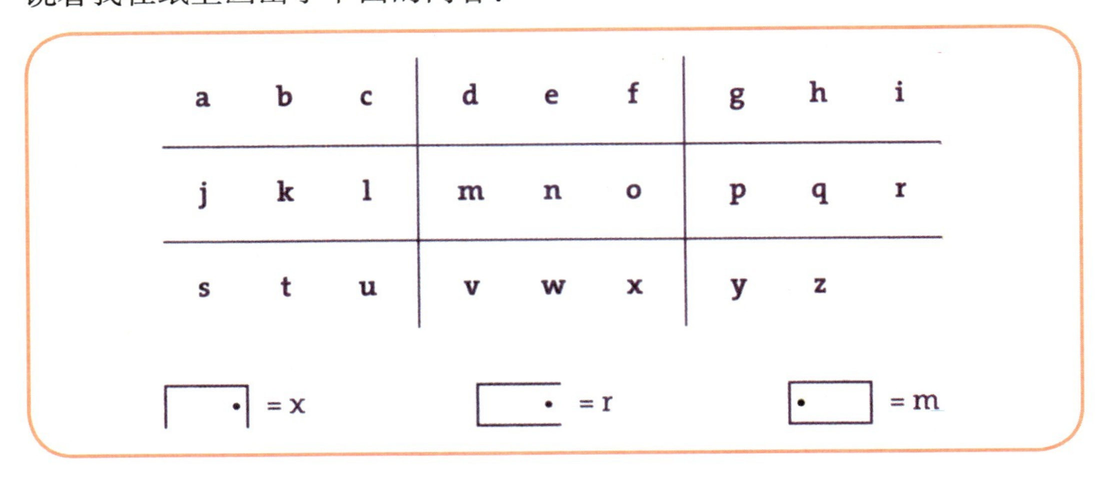

“就像你们看到的一样，我把字母表中的26个字母划分在9个区域里。现在我可以用图表来代替每个字母。请看这里：线条确定，字母位于9个区域里的具体区域；圆点告诉你们，字母在区域中的具体位置。我已将字母x，r和m的字符画了出来。现在，请你们破译下面的密文。”

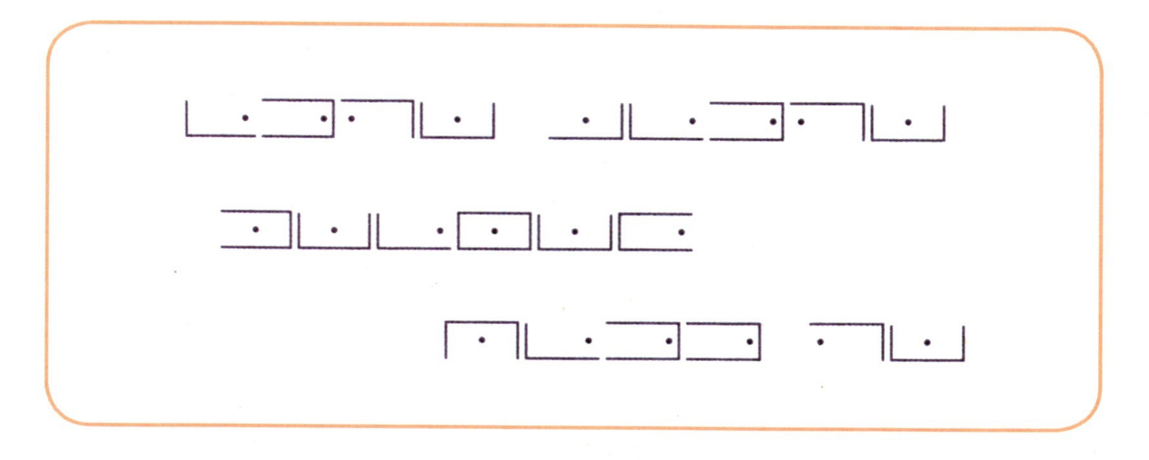

“只要了解画和点的含义，破译这个密文就会非常容易。但这些小方格画在特定的地方很花时间。”施特凡说道，“此外，这个密码很容易被解密，像上面写的密文每个人都能破译。”

“我还知道另一种非常简单的密码。”我说道，“我称它之字形密码，但大多数情况下它被称做圆圃篱笆密码。”

我在另一张纸条上写了些东西，并将纸条放在桌子上：

KNTHEGNLCSEUHENIRIETIHEBEL

两个孩子的眉头紧锁。“某人应该能明白。”阿丽亚娜说道。

“这个密文是由偶数个字母组成。”我说道，“因此我可以把字母串平均分成两行，将第二行字母写在第一行下面。”纸条上的字母如下图所见：

KNTHEGNLCSEUH
ENIRIETIHEBEL

“喂，你们没看出什么？”我问两个孩子。他们很迷惘地看着纸条。

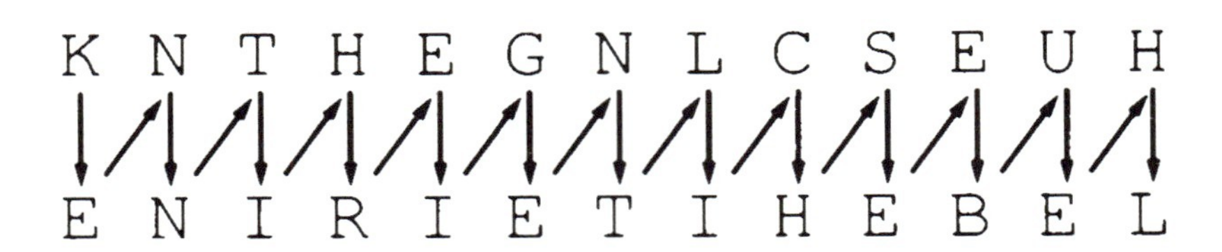

“不要一前一后地去读这两行内容，要先看上面的字母，再看下面的字母。如此反复地上下看，直到结束。”

“KENNT IHR EIGENTLICH SEEBUEHL(你们知道真正的……)。”阿丽亚娜拼读道，“就这么简单？”

“差不多这么简单。”我回答道，“如果密文是由奇数个字母组成，就在句子末尾添加字母X。一旦掌握了解密技巧，这样的密码就能够很容易地破译出来了。它可能会很快在你们学校流传开来。”

看来他俩对这个密码很有兴致。这个时候，亚里克斯、尼古拉、保罗和莉娜正好来拜访我们。亚里克斯手里握着一个黑色的主教棋子，尼古拉像平时一样嘴里嚼着口香糖。保罗近来还没有决定，是当医生，还是当消防员。莉娜和她最心爱的小狗乔希玩，并抚摸着它。突然，在场的各位都开始用之字形或者圆圃篱笆的方法给消息加密或者解密。现在破译下面的句子：

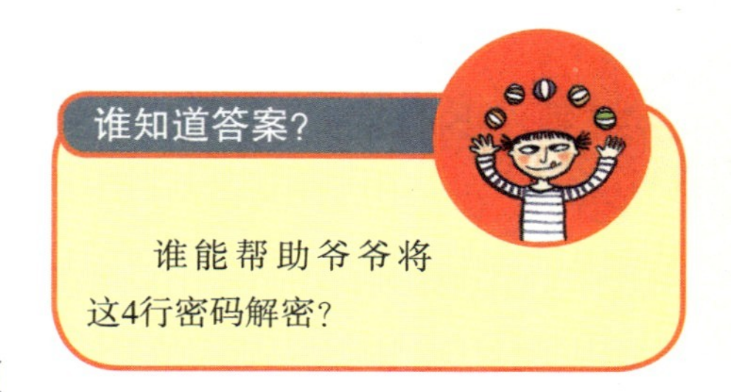

AINITIHDORAESNCOTOF

AEACNCTLXUHIHX

OARNTNGHISHITNEPBIGUSEEMCRFEBI

OASENSHAMTEPITIECLFÜZX

夏日烈日炎炎，孩子们从地下室取出浇灌花园用的长橡皮管，开始打水仗。乔希嘴里叼着黑色主教棋子穿过草地，浑身湿透的孩子们试图抓住它。此刻，没有人再思考有关密码的事情。

作为秘密载体的数字

第二天下午，阿丽亚娜来找我，并希望学到更多的加密技巧。于是，我教她如何利用密码将真正重要的内容隐藏。不仅是单词，数字也可以用来加密。

“你肯定有秘密数字，”我说道，“比如自行车车锁的密码。”

“是的，比如我手机的PIN密码。我还知道我爸爸的箱子锁的密码。上次假期，他把密码给忘了，并大吵大闹起来。因为他觉得，妈妈把她的记事本落在家里了。不过，不一会儿记事本就找到了。从那之后，我就记住了这个密码。”

“很好。”我说道，“你必须在脑袋里记住越来越多的数字。你不能把它们写下来，因为这样的话，每个人就都可以看到这些数字了。他们可以把你的自行车骑走，用你的手机打电话，度假的时候把你们的箱子打开。但这么多数字你不可能都记住。给我说4个数字，随便什么都行。我会把它们加密成为你随时都可以破译的密码。而你只需记住一个数字，不用把4个密码都记住。你可以把加密后的数字写下来，而别人用它什么也做不了。”

“那么就这些数字：7453，5219，5634和7731。现在该看您的了。”她说道。

我接着说道：“现在你还需要一个密钥数字。选一个你容易记住的数字。你是在哪天入学的？”

“1998年9月3日。”她想了片刻说道。

“那就是3.9.1998（注：德语日期书写方法），我们从中提出3998。这就是你的钥匙。只要你没有忘记第一天上学的时间，你就可以永远地记住这个数字了。现在我把你的4个密码加上这个密钥：

	7453	5319	5634	7731
+	3998	3998	3998	3998
=	11451	9317	9632	11729

你现在得到了4个新的数字，这些是已加密的密码。你可以把它们抄下来，写在任何你需要的地方。就算别人知道自行车，手机是谁的，只要他不知道密钥，这些数字对他就没有意义。”

“我想，我知道下一步该做什么了。”阿丽亚娜说道，“当我想知道真正的密码的时候，我只需减去密钥数字就行了。”

“正确。”我说道。安全起见，我又在纸条上演示了一遍：

	11451	9317	9632	11729
–	3998	3998	3998	3998
=	7453	5319	5634	7731

真正的密码又出现了。

“我要马上把我所有的密码加密。”她说道。

“你一定要小心！保证没有人知道你的密钥，数字3998。否则，他能偷走你的自行车，用你的手机向日本打数小时的电话；并且在度假的时候，乱翻你们的箱子。”我提醒她道。

军事统帅恺撒的遗产

实验

纸带加密法

请看此书夹页部分的手工制作中的纸带加密法。写有小写字母的纸带是文本的基础，它是你需要加密的信息，被称作明文。写有大写字母的两张纸带是被加密的密文。将3张纸带剪下来。写有小写字母的纸带保持原样，另两张纸带必须紧密地首尾粘在一起。

把两张纸带放在你面前的桌子上，上面是明文字母带（小写字母），下面是两倍长的密文字母带（大写字母）。移动下面的纸带，将D置于a下。这样就得到了密钥a–D。现在，每个明文字母下面都有一个密文字母，通过它就能够替换明文。

“到目前为止，您的这些密码不是容易破译就是不实用。”阿丽亚娜带莉娜一起来的，乔希也一如既往地紧跟着她。

“我能在休息的时候去给我的朋友送一只兔子？在课堂上也不可能切柠檬。当然，我可以用唾液，但这样一支奇怪的配有钢笔头的笔杆会立刻引起人们的注意的。”阿丽亚娜对此不是非常感兴趣。

“不。”我说，“我们不用隐形墨水书写，而是用清楚可读的字母写在纸上。”

“我们现在应该怎么做？”

“我们用其他字母替换真实的字母。”我回答道，“比如，用X替换成a，K替换成b，以此类推。‘schlafen’(睡觉)也许被替换成KDUBXWAV。我们把单词‘schlafen’加密，没有人知道它是什么意思，也没有人可以将它再解密。”

“我如何把某物‘加密’，如你所说的那样，莉娜如何知道它的含义呢？她又怎么才能‘解密’呢？”阿丽亚娜满腹疑惑地问道。

“我们马上就可以看见了。”我答道。并将已经准备好的两张纸条放在桌子上。

“你们自己就可以很容易地把这个制作出来。这个密码已有2000多年的历史了。”我补充说道，“古罗马时期伟大的军事统帅、政治家发明了它。他就是尤利乌斯·恺撒。他非常有名，我们今天的单词‘Kaiser’(皇帝)就源于他的名字。”

世界名人

爱故弄玄虚的军事统帅

你从前在学校的时候听说过尤利乌斯·恺撒吗？或者从《阿斯特里克斯历险记》系列漫画中知道他？他是一名军事统帅，他带领他的军队从意大利出发，征服了整个西欧和中欧，甚至两次亲临大不列颠岛。当时正是公元前50年。尽管尤利乌斯·恺撒在征服一个又一个国家时是冷酷无情的，但他同时是一个充满智慧并且时常表现得很温柔的统治者。高卢，阿斯特里克斯和奥贝利科斯的国家，如今法国所在地，恺撒将其发展成了一个繁荣的国家。被占领地的居民接受了征服者的语言，因此拉丁语融入进了法语、西班牙语甚至英语中。公元前44年，他在罗马被刺杀。只有少数人知道，他还发明了密码，用来给朋友写信。如今，该密码就是以他的名字来命名的。

像古罗马时期一样的加密

“恺撒发明了下面的密码。”我向女孩们解释道，“他用字母D代替字母a, 用E代替b, 用F代替c。你们刚刚已经见过我们制作的纸带。你们可以猜一下，下一步该如何进行？”我问道。

阿丽亚娜马上说道：“他可能用G代替d？”

“正确！”我喊道，“他用字母表中后移三位的字母代替每个字母，也就是用G代替d, 用H代替e。在纸带上，你们也可以看到，C代替z。”

阿丽亚娜没有再提出什么问题，看来她已经完全明白了。莉娜也很热忱地点头。

“你们想尝试一下吗？”我问她们。

“我们假设，恺撒想给他的军官下达一个命令‘abmarsch morgen bei sonnenaufgang’(明天日出时分列队出发)。他应如何书写他的密码？”

阿丽亚娜把两张纸带上下放好。

提问

明文，密文，密钥的含义

人们把需要转化为密码的信息称作明文。恺撒的命令“abmarsch morgen bei sonnenaufgang”(明天日出时分列队出发)即是明文。在本书中，所有的明文都用小写字母书写，包括名词和名字。用密码写成的文本被称作密文，例如恺撒的命令被翻译为DEPDUVFK PRUJHQ……。在本书中，所有的密文都用大写字母书写。

为了把明文转换成密文，阿丽亚娜和莉娜需要一个密码表，它在恺撒加密法中通过移动两张纸带可以得到。她们之前使用的是密钥a-D (a位于D的上面)。在本书中，密钥都印刷成红色。密钥可以是任何事物：一个密码本，一张表格，一个数字，一个单词或者整篇文章。

她开始加密第一个单词：

“abmarsch”（列队出发），a在D上。于是，她就写下D。b在E上，她就写下E。以此类推：m在P上，a在D上，r在U上，s在V上等。“abmarsch”替换为DEPDUVFK。第一个单词就加密好了。不一会儿，整个句子以密码形式呈现出来：DEPDUVFK PRUJHQ EHL VRQQHQDXIJDQJ。

“您为什么总是提到钥匙？和我想象的完全不一样。”阿丽亚娜打断我说道，“您这里所说的密码的钥匙与真正的金属做的钥匙有什么联系？”

“某事用密码书写，然后再将密文重新解密。在此，我们通过一个简单的比喻来解释清楚。

阿丽亚娜在纸条上写下的信息叫作明文。为了不让陌生人看到，她把纸条锁在信箱中。为此，她需要一把钥匙。锁在信箱中的纸条好比是密文。除非有钥匙，否则谁也不能读到这张纸条。莉娜有一把同样的钥匙，可以把信箱打开，取出纸条并阅读。利用密钥，密文可以重新恢复为明文。明文也可以通过密钥变换为密文。这就叫作‘加密’。除了此说法，人们还经常说‘把……译成密码’或者‘密码化’。密文可以通过密钥解密，也就是，重新翻译成明文。除了‘解密’这种说法，人们还可以说成‘为……解密’，‘译解’或者‘解码’。”

请用恺撒密码a–D加密句子：“otfried preussler schrieb die geschichte vom raeuber hotzenplotz”(奥特弗里德·普罗伊斯勒写了大盗贼霍真普洛兹的故事)

“但单词‘schlüssel’（密钥）本身就不能加密，因为在纸带上根本没有字母ü。”阿丽亚娜得意洋洋地说道。

“在密码中，你必须用ss，ae，oe和ue替换字母ß，ä，ö和ü。”我解释道。阿丽亚娜对这个回答很满意。

接着我在纸条上写了一句话“wir treffen uns morgen nachmittag”（我们明天下午碰面），然后让她用恺撒密码a–D加密。没有多长时间，她就完成了。她坐在桌子前，在一张纸上写着什么，并拿出两张纸带，一个字母接着一个字母地写着下面的密文：

OLQD LVW PHLQH FRXVLQH

实验

我们制作密钥圆盘

我们利用本书夹页部分还可以制作出另一个密码工具：密码圆盘，来代替恺撒的密码纸带。

沿着虚线标记剪下两个圆盘，在圆盘的中心钻一个小孔。

我把我们一起制作的密钥盘交到阿丽亚娜手里，让她调节不同的恺撒密码移位。阿丽亚娜和莉娜都做得非常棒。

用a–U移位解密下面的句子：

CWB ZLYOY GCWB UOZ XCY MIGGYLZYLCYH

两人立刻开始解密。阿丽亚娜3分钟就找到了答案，莉娜在她之后一会儿也完成了。

破译者出现

第二天晚上，阿丽亚娜非常不安地来找我。

“您知道吧，我给莉娜送了个消息，只是想检验一下学到的密码。我写了一句话：‘ich will nur probieren ob du das lesen kannst’(我只想检验一下你能否看懂这句话)。我用恺撒密码给它加密，就像您教给我们的那样。我之前已经告诉了她，密钥是a–M。她做别的事之前，已经解密了句子，并扔掉了明文。”

“一切都很正常啊。”我说。

“完全不是。晚餐的时候，我们6个人坐在一起。突然，在我的碟子旁出现了一张纸条，上面写着：‘ich will nur probieren ob du das lesen kannst’(我只想检验一下你能否看懂这句话)。还有别人解密了我的内容。这不是很可怕吗？”

“会不会是莉娜自己把密钥写了下来，而且让陌生人看见了？”

“我也这样问过她。但她说，她只将密钥记在了脑子里。用完密钥圆盘后，就立刻转动了密钥圆盘，以防有人获悉密钥。”

我沉思片刻。一定有人用某种方法破译了密码。一定是一起喝咖啡的这些孩子中的某一个。保罗或者尼古拉，也许是亚里克斯？施特凡，阿丽亚娜的哥哥，也有可疑之处。他或者她是如何做到的呢？这个问题更容易回答。

“明天我会向你们展示，每个恺撒密码都是很容易破译的。”我说。

第二天下午，阿丽亚娜和莉娜又来到我这儿。“一共有25种不同的恺撒移位。”我说，“谁收到恺撒信息时，必须非常耐心地将25种可能性全部试一遍。从加密信息的第一个单词，就可以看出移位不正确。以CWB ZLYOY……为例，a–D为密钥解密：你们得到：zty wivlv……可以马上看出，这些单词毫无意义。”

提问

如何使用密钥圆盘？

密钥的设置：当密钥是a–U时，相互转动两个圆盘，如下图所示，将外圆的a置于内圆U之上。其他的密钥，也相应地转动圆盘到相对应的位置。

加密：从外圆到内圆。看外圆每个明文字母相对应的内圆密文字母。

解密：从内圆到外圆。看内圆每个密文字母相对应的外圆明文字母。

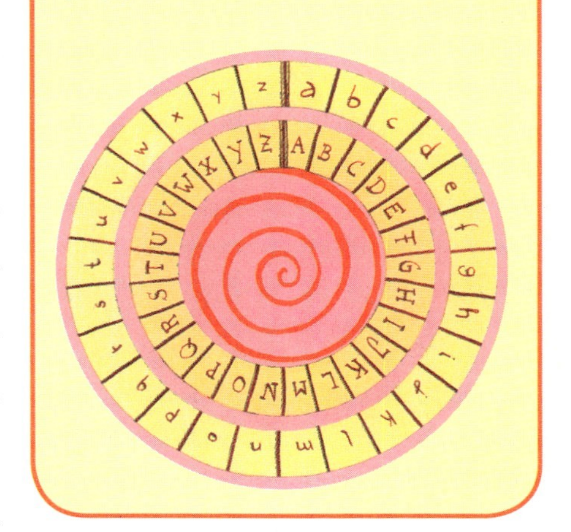

待会儿就到了我为两个小女孩布置实战练习的时间了。我用了不同的恺撒移位，给她们写了一些密文：

XQXXQ TIVOABZCUXN

谁知道答案？

这6段密文分别用不同的恺撒密码加密。是哪6种？

提问

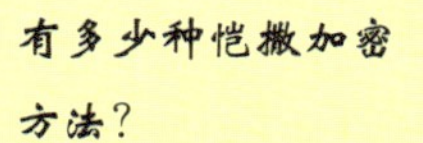

有多少种恺撒加密方法？

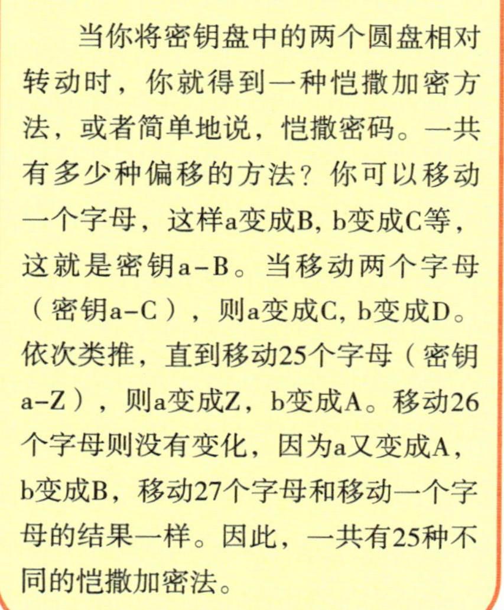

当你将密钥盘中的两个圆盘相对转动时，你就得到一种恺撒加密方法，或者简单地说，恺撒密码。一共有多少种偏移的方法？你可以移动一个字母，这样a变成B，b变成C等，这就是密钥a–B。当移动两个字母（密钥a–C），则a变成C，b变成D。依次类推，直到移动25个字母（密钥a–Z），则a变成Z，b变成A。移动26个字母则没有变化，因为a又变成A，b变成B，移动27个字母和移动一个字母的结果一样。因此，一共有25种不同的恺撒加密法。

HGCWEGF

KGEEWJXWJAWF

UGLBNMAICL

KHPT VYLMPY DETPRPY LFQ PTYP
WPTEPC OPC ZMPCP HLC PEHLD
RPDNSPTEPC OPC FYEPCP HLC
PEHLD OFXX LFQ PTYXLW QTPW
OTP WPTEPC FX

HEMQ SVIJMV OQVOMV LCZKP LIA
SWZV LMZ MQVM PQVBMV LMZ
IVLMZM DWZV LWKP MA OQVO
SMQVMZ QV LMZ UQBBM UIV
AQMPB MA NMPTBM LMZ LZQBBM

改进恺撒密码

“当你们向日记本倾诉心声的时候，如果不希望很快被其他人解密的话，就必须要使用保密性更高的密码。比如按字母表的顺序写出一行小写字母，内容如下：

abcdefghijklmnopqrstuvwxyz

这是明文字母。你们现在想一个口令，当然不能向别人透露。任何一个词都行。”

莉娜不假思索就喊出了：“hundeleine。”

“我们还需要一个小于27的数字。”

“6！”阿丽亚娜喊道。

“现在我们将口令字母写在明文行abcde……下面，我们不是将口令字母写在第一个明文字母下面，而是写在阿丽亚娜所指定的数字下面，也就是第6个字母下面，字母f下面。请注意：如果口令中有字母反复出现，我们只保留它的第一次出现。因此，我们不是用口令HUNDELEINE，而是用HUNDELI作为密钥，余下的字母E，N和E已经包含在HUNDELI里了。

a b c d e f g h i j k l m n o p q r s t u v w x y z
H U N D E L I

现在可将HUNDELI余下的空位填入字母表中剩下的字母。写到字母z后，再重新从最前面的a开始。你们将得到下面两行字母表：

a b c d e f g h i j k l m n o p q r s t u v w x y z
V W X Y Z H U N D E L I A B C F G J K M O P Q R S T

现在可以加密了。‘gestern sass ich im bus’(昨天我坐公交)替换成‘UZKMZJB KVKK DXN DA WOK’。这样，其他人再也不能轻易地解密了。

我还需要说一下。当你们将密钥填到上一行字母z对应的位置时，如果后面还有字母，就转到最前面，从字母a开始。比如当分配数字是24，口令为‘weihnactskalender’，你们必须将密钥WEIHNACTSKLDER从字母表第24位开始填写，如下面所见：

a b c d e f g h i j k l m n o p q r s t u v w x y z
H N A C T S K L D R   W E I

然后，再将字母表中余下的字母填在第二行空位上：

a b c d e f g h i j k l m n o p q r s t u v w x y z
H N A C T S K L D R B F G J M O P Q U V X Y Z W E I

由此‘gestern sass ich im bus’(昨天我坐公交)替换成KTUVTQJ UHUU DAL DG NXU。现在你们的日记就有了保密性更强的密码。”

“为什么现在的密码保密性更强？”阿丽亚娜想知道。

“相对于恺撒密码的25种移位，我们现在有多于它很多倍的密码表可以使用。人们再也不能通过逐个推算破解密码了。通过口令和分配数字所得的密钥表，还有一个优点：只要我们把口令和分配数字记在脑中，就可以随时制作密码表。再也不必随身携带密钥了。”

两个女孩恍然大悟。

“明文字母串下面的密文字母串，也可打乱顺序书写，组成一个密钥表。”我边说边在纸上又写了两行字母串：

a b c d e f g h i j k l m n o p q r s t u v w x y z
E W M T N Y Q C L P G A S J I U Z H B O F K R D V X

“现在‘gestern sass ich im bus’(昨天我坐公交)替换成了QNBONHJ BEBB LMC LS WFB。这个密钥表就和恺撒密码再也没有相似之处。但它有一个缺点：人们不可能记住它，只能随身携带。如果它被偷了，你们所有的密文信息都会被破译。尽管如此，这种加密方法还是被经常使用。明天我会教你们如何简单地制作这种密钥表。”

当阿丽亚娜和莉娜从我这里离开的时候，我们已经知道那个神秘的破译者如何解密阿丽亚娜简单的恺撒加密的了。但我们仍然无从知晓，他到底是谁。

帽子里的密码

第二天下午，阿丽亚娜来找我。这次她是一个人来的。

“现在我可以学更先进的密码了吗？”她问道。我已经准备好26张小纸条，上面写着大写字母A至Z。这些字母可以变成新的密码。我从衣帽间里拿来一个旧帽子，阿丽亚娜将所有纸条放进帽子里。我摇晃帽子，直到所有纸条都混合均匀。然后，我让阿丽亚娜将小写字母表再写一遍，作为明文字母表：

abcdefghijklmnopqrstuvwxyz

现在她需要从帽子里抽出一张纸条，上面的密文字母是E，将它写在明文字母a下面。“把这张纸条放到一边。从帽子里再拿出一张新纸条，看上面的字母，把这个字母写在b下面，然后把这张纸条再放到旁边。”我说。她抽出的是W，并把它写在b下面。

“依此类推，”我说道，“直到26张纸条全部取出。这样你就得到了一张新密钥表。”当她全部完成后，结果如下：

a b c d e f g h i j k l m n o p q r s t u v w x y z
E W H J N D M K L O R A P C T G V F Z Q Y B I S X U

“谁想读懂你的密文信息，就必须有复制的密钥表。另外，如果你丢了自己的密钥表，也不能再制作一个一模一样的了。因为下一次，你从帽子中抽出的小纸条将完全是另外的次序。”

“如果有人用帽子和小纸条制作一个密钥。”她问道，“他可能偶然得到一个和我们一模一样的密钥表。这样他就可以读懂我的所有信息，还有我的日记。”阿丽亚娜对此很不安。

“有这种可能性。”我答道，“但你不用担心，因为买彩票的时候，打上叉的数码中，6个都猜对的几率都高于两次抽出的字母次序完全一样的几率。”

“顺便提一下，密码不一定是由字母组成。你也可以发明其他的符号。”我向阿丽亚娜展示了一个表格。

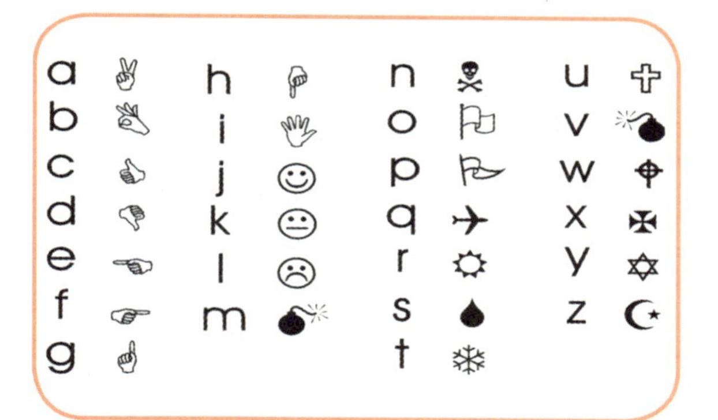

“‘gestern sass ich im bus’(昨天我坐公交)可替换成，”我继续说道，并在我的电脑上输入了如下符号：

数字和记录

数字绕口令

由帽子中抽出的26个小纸条，能够组成多少种不同密钥表？1千？100万？都不是！要比这些多许多许多，是：403 291 461 126 605 635 584 000 000种。这么一长串数字当然要有一个很长的名字。它是——注意了——403×10^{24}；291×10^{21}；461×10^{18}；126×10^{15}；605×10^{12}；（635×10^{9}）+（584×10^{6}）。

49个数字中选取6个数字进行博彩，有10 068 347 520种不同的填写方法。这要比密钥表种类少很多。尽管如此，这串数字的名字仍然很长：10 086 347 520！

选中博彩中6个数字的几率要比在帽子中两次抽取同样的密码表的几率高出很多。

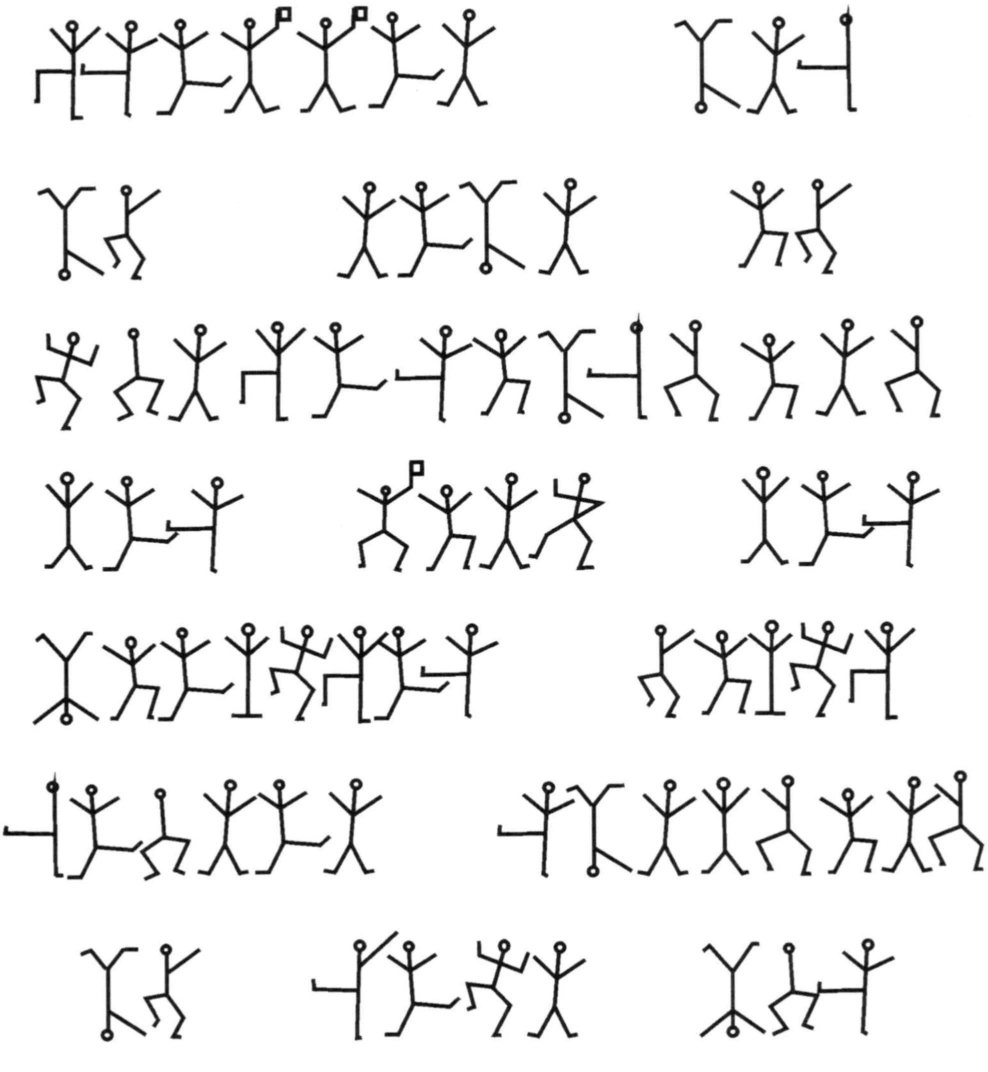

跳舞小人的谜题

在著名侦探夏洛克·福尔摩斯的许多故事中，有这样一个故事：一个盗贼传递了一份信息给他以前的情人。他在房子和仓库的墙上画满神秘的符号，是站在不同位置的素描小人像。其中一个小人将胳膊伸向空中，另一个在倒立；有一个将左腿伸向旁边，另一个在伸右腿。大侦探被请来帮忙解密。当然，他很快就明白了这其中的含义，每个小人都代表了一个字母。这个加密方法也是单表代替法：每个小人的位置固定并且代表字母表中的同一个字母。

谁知道答案?

下面的密文是由第45页的密钥表加密而成。它的明文是什么?

监狱里的敲击密码

“你知道，俄国面积有多大？”我问阿丽亚娜。

“我只知道，它非常大，它的首都是莫斯科。”她答道。

“100多年前，俄国的面积比现在还要大，从波兰延伸至日本海。南面与中国接壤，北面紧邻北冰洋。沙皇用铁腕统治着他的臣民。他的军队和警察镇压所有试图得到更多自由和公平的臣民。谁不愿为沙皇或者他的政府效劳，就会被关进监狱。监狱的环境非常恶劣。犯人之间不允许说话。牢房犹如一座坟墓。在这个荒僻的地方，一个可怜的

提问

什么是单表代替密码?

不论你用的是恺撒密码，帽子里的密码还是符号密码—— 一个明文字母总是由固定的密文字母代替。这样的加密方法叫做单表代替加密。它源自希腊单词monos，含义为“唯一的”。单表代替字母的相对应的含义为“由唯一的字母表组成”，也就是说，只能用唯一的密文字母表加密。即使每一个明文字母是由密文符号，而不是密文字母代替，我们也称它为单表代替加密。

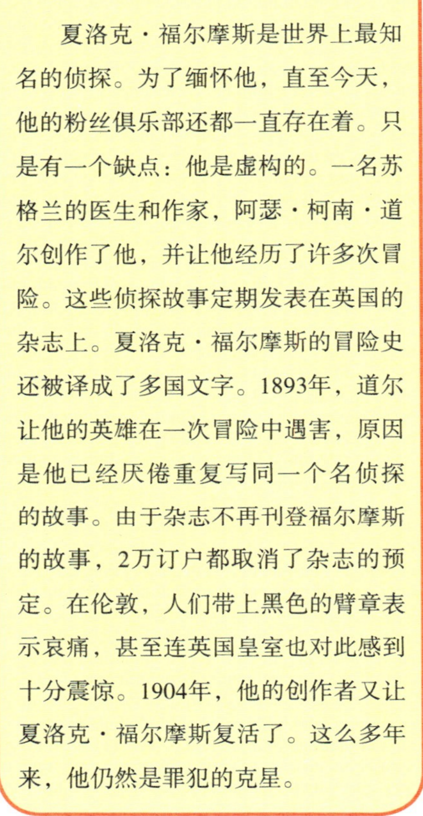
世界名人

一名享有盛誉的名侦探

夏洛克·福尔摩斯是世界上最知名的侦探。为了缅怀他，直至今天，他的粉丝俱乐部还都一直存在着。只是有一个缺点：他是虚构的。一名苏格兰的医生和作家，阿瑟·柯南·道尔创作了他，并让他经历了许多次冒险。这些侦探故事定期发表在英国的杂志上。夏洛克·福尔摩斯的冒险史还被译成了多国文字。1893年，道尔让他的英雄在一次冒险中遇害，原因是他已经厌倦重复写同一个名侦探的故事。由于杂志不再刊登福尔摩斯的故事，2万订户都取消了杂志的预定。在伦敦，人们带上黑色的臂章表示哀痛，甚至连英国皇室也对此感到十分震惊。1904年，他的创作者又让夏洛克·福尔摩斯复活了。这么多年来，他仍然是罪犯的克星。

犯人发明了一种可以透过墙听到的敲击密码。而监狱看守者却听不懂这种语言。”

“但犯人之间只能传递很少量的信息。”阿丽亚娜认为，“敲击只能表明我在这里，就像我敲门一样。”思考片刻，她补充道：“那好吧，当然，我可以轻轻地或者用力地敲击，一次或多次地敲击。但犯人通过敲击墙壁，不可能告诉他同党更多的信息。”

“错。”我答道，“犯人可以把敲击转换成整个字母表。当然，他们用的是俄语字母，字母数多于我们的拉丁字母。我会用我们的字母表向你演示，如何用敲击替换成字母。”

为此，我绘制了一个表格：

“26个字母放在5行×5列的方格里，其中i和j放在一个方格中。字母由所在行数及列数确定。也就是，11代替a，35代替p，15代替e。单词‘Polizei’(警察)则为35 34 31 24 55 15 24。你可以很容易地敲出这些数字组合：‘敲’，停顿，‘敲’（. . ）代表a，‘敲 敲’，停顿，‘敲’（.. . ）代表f。每个敲击之间的停顿非常重要。一个字母中的数字停顿非常短，字母间的数字停顿稍长，单词间的停顿更长。”

	1	2	3	4	5
1	a	b	c	d	e
2	f	g	h	i/j	k
3	l	m	n	o	p
4	q	r	s	t	u
5	v	w	x	y	z

阿丽亚娜看了一下表格，马上在桌面上敲击起来：

•• ••• •• ••• • ••• • ••• •••• ••• •••• ••• ••••• ••

这很容易理解。

“这种加密方法也属于单表代替密码。”我说。

“每个字母总是对应同一个数字组合。15总是代表e，33总是表示n。”

这一天，我和阿丽亚娜又用从帽子中抽出的密码所制作的密钥表，加密了许多句子。

“现在，我们的加密法比恺撒加密法安全许多。如今，没有人能很快破译我写给莉娜的信件了。”她兴奋地大声说道。我使她更加坚信这一点。

产生怀疑

过了两天，阿丽亚娜来到我的房间。“嘿，你自己制作了用帽子中的小纸条组成的密钥表了吗？你尝试新的密码了吗？”我问。但她看上去心情很不好。

“是的，我写信给莉娜了。但发生了很奇怪的事情。”

“你给我讲讲。”我说。

“上周末，CD播放机从我的桌子上掉了下来。真是太倒霉了！它是一个朋友借给我的。我发现，某个地方出现了问题，便取出螺丝刀，把机器打开。但它的内部零件并没有松动或者损坏。于是，我又把机器重新装好，但它不能再运转了。我绝望地把播放机放进地下室，然后暗中写信给莉娜，问她有什么好建议。当然，我在写信时使用了新密码，而之前我已经把密钥表交给莉娜了。她也没有什么好办法，但她觉得可以把坏了的机器给她，她的哥哥保罗也许能修好它。昨天，我想到地下室把它取出来。难以置信的是：它已经被修好了！”

“那你应该高兴啊。”我说。

“本来应该是的。但我问自己：谁把它修好的？我放播放机的那个地下室的角落根本就没有人。”

“你认为，有人破译了你给莉娜的信？”

“我没有把这件倒霉事说给别人。”阿丽亚娜说，“我也问过莉娜，她是否把我的密钥落在某个地方了。这样的话，后果会非常严重。陌生人能够看懂我的日记，并知道我很多秘密。莉娜向我保证，密钥表从始至终都在她的首饰盒里。‘我把它锁上了，钥匙一直挂在我脖子上。我曾多次检查过，密钥表一直待在我的首饰盒里。我也没跟其他人讲过CD播放机的事情。’”

我必须使阿丽亚娜明白一件事或一个观点，我们的新密码虽然比恺撒密码安全很多，但只要费些工夫，它还是可以被破译的。

密码不再保密

单表代替密码的弱点是，我们语言中26个字母的出现频率不一样。

“如你经常说的，”我向阿丽亚娜解释道，“只要你说的句子足够长，在你的谈话内容中，e是出现频率最高的单词，出现频率第二位的是n。a，i，r，s和t也经常出现，而j，q，x和y却几乎不出现。奇怪的是，字母的出现频率完全不取决于你说的内容。只要你说的内容够多，e总是出现频率最高的字母。”我继续道：

“你知道《蓬头彼得》的故事吧？我用小写字母，不带任何标点符号，将其中《非洲男孩》故事的开头写下来。”

es ging spazieren vor dem tor ein kohlpechraben-
schwarzer mohr die sonne schien ihm aufs gehirn
da nahm er seinen sonnenschirm da kam der ludwig
angerannt und trug ein faehnchen in der hand der
kaspar kam mit schnellem schritt und brachte eine
brezel mit und auch der wilhelm war nicht steif
und brachte seinen runden reif die schrien und
lachten alle drei als dort das mohrchen ging vor-
bei weil es so schwarz wie tinte sei

“现在我们可以数一下，哪个字母出现的频率最高。”我说。计算很费力，一共有349个字母，e出现了50次，n是39次，j，q，x和y根本没出现。

“好吧，”阿丽亚娜说，“在这首简单的诗里是这样，但当你换成另一个完全不同的文章时，e就不是出现最多的字母了。”

“哦，不是的。”我答道，“我们看一下火灾保险写给我的一封信。至今，我还不明白它的内容。”

我从信中选了一段内容，把它输入到我的电脑上，然后打印出来，给我的孙女看：

die bank ist dem abkommen der feuerversicherer
ueber einen regressverzicht bei uebergreifenden
feuerschaeden beigetreten der umfang des regress-
verzichts ergibt sich aus den bestimmungen fuer
einen regresssverzicht der feuerversicherer bei
uebergreifenden schadenereignissen die beim
bundesaufsichtsamt fuer das versicherungs und
bausparwesen in berlin hinterlegt worden sind

“我们再数一下。”我说。她完全不理解地看着文章。

“这次一共有330个字母，其中e出现了73次，是出现频率最高的字母。j，q，x和y在文章中根本没找到。”

阿丽亚娜对此很惊讶。我继续说：“这是两种完全不同类型的文章，而e总是出现最多的。在单表代替密码中，e的加密都是由同一个密文字母代替。因此，这个密文字母在密文中出现的频率也是最高的。比如，e总是由K代替，K在密文中就经常出现。那么，我们那位厉害的陌生者就会知道，K代表e。”

阿丽亚娜思考片刻。然后，大声说道：“简直是胡说！我知道一个句子，你的说法就不灵验：

‘Da sind doch achtundactzig Hausfrauen aus Augsburg mit achtundachtzig Staubsaugern.’（来自奥格斯堡的88名家庭主妇带来了88个吸尘器）”

“现在数一下您的e！”她得意洋洋地笑道，“e只出现了两次。”

“这有可能。你故意造了这样一个句子。但通常情况下，没有人会写这样无意义的句子。让我们继续吧，你再写10行或者20行有意义的内容，e还是出现频率最高的。”

天很晚了，我们约定第二天她会给我带来一个密文。我让所有的孩子一起来解密。这个密文一定是用单表代替法加密，至少要由100个字母组成，越多越好。

但那个厉害的陌生人是谁呢？谁破译了阿丽亚娜的密文，又把CD播放机修好了？尼古拉可以排除了，她对技术不感兴趣。如果阿丽亚娜不能修好机器，那尼古拉就更不可能了。现在还剩保罗、施特凡和亚里克斯。他们三个之中，谁是那个人呢？

密码解密

第二天，阿丽亚娜，她的兄弟亚里克斯和保罗，尼古拉还有莉娜一起来到我的工作室。阿丽亚娜已经把内容都教给大家了，如何用单表代替加密明文，并告诉了他们关于每个字母的出现频率。在此期间，我在电脑上想出了几个例子，向孩子们展示，如何进行解密。

训练成为王牌女间谍和名侦探

我从一个由4个密文字母组成的单词开始。屏幕上显示♋♓■♎（符号按书上的写，我只是简单标注了一下），我告诉孩子们，其中3个字母是已知的。第一个符号代表k，最后两个分别代表n和d。

“那就是说，我们知道是‘k♓nd’（符号按书上的写，我只是简单标注了一下）。第二个字母是什么？”

“Ein ‘i’。”大家齐声喊道。于是，我们知道4个符号代表的字母了：♋=k，♓=i，■=n，♎=d。我又在屏幕上写了一个新单词：♋♓■■。

“这是‘Kinn’(下巴)。”阿丽亚娜已经猜到。

“很好，那么这个是什么：❒♓■♎。”我问。

“也许是‘Rind’(牛)？”莉娜有些迟疑地说。

“正确！”我大声地说。“❒代表‘r’。不过，它也有可能是‘sind’(是)，我们先把它看作是牛。”

“那这个是什么？”我想知道并画下♋♓■♎♏❒。

“除了一个符号，其他的我们都认识：‘kind♏r’。”

“这是‘Kinder’(孩子们)。”莉娜喊道。这样，我们也就知道了，

♏=e。我们进入下一步：♐♓■♎♏■。

“我们将所有已知的字母代入，得到的是‘♐inden’。”

“嗯，也许是‘finden’(寻找)。”尼古拉说，“♐代表‘f’。”

现在，我写下了一整句话：

♎♏❑ ♐♓■♎♏❑ ♐♓■♎♏♦ ♏♓■ &♓■♎.

“几乎所有的符号我们都认识，还有哪个是不知道的？”我问。

“第3个单词的最后一个符号！”大家齐声喊道。我们已经破译的是‘der finder finde ein kind’(发现者♦一个孩子)。

施特凡咕哝道：“当然是‘findet’！(找到)”

也就是说，♦=t。于是，我输入了一行单词，所有的字母我们都已经认识了：

♦♏♏ ♦♏♏❑ ❑♏♦♦♏❑ ❑♏♦♦♏■。

“你们能看懂它吗？”

“当然！”

然后，我写下❑♏⬧♦（符号按书上的写，我只是简单标注了一下）。小一点的黑色菱形是新的。根据已知的符号，可得到：‘re⬧t’。

“这只能是〈rest〉（剩余），”施特凡认为，“并且⬧代表‘s’。”

“如果这样的话，那你们也可以破译⬧♏⬧⬧♏●。”我说。

“当然。”施特凡草率地评论道，“这只能是‘sessel’(沙发椅)。最后一个符号代表‘l’。”

“那么我想知道，这是什么？”我边说边在屏幕上写下⬧♏❍❍♏●。突然出现了两个圆圈。很显然：这不可能是‘sessel’(沙发椅)。

“‘se Kreis Kreis el’是什么？”我问道。过了一会儿，保罗说是‘Semmel’（小面包）。大家恍然大悟。于是，我们知道❍=m。我又写下

❍◆♦♦♏❒。除了第二个符号，其他的我们都认识。

“这个是什么意思？”我问。“它可能是‘mutter’(母亲)或者‘matt’(虚弱的)的比较级‘matter’。”

孩子们一致认为是‘mutter’(母亲)，但他们都不能确定。两个都有可能。当我又输入了一个单词，就可以确定♎◆■&♏●代表u。我又写下了几个短单词：

◆♏♏ ⬩♏♏ ♏⬩ ♏♓ ♏♓⬩ ♏♓■⬩ ⬩♏♓■

这很简单，每个人都喊出了答案。

开始认真

阿丽亚娜把一张纸条放在桌子上，上面有她加密完的文章：

TFJMBLEPBO MPBNO NJ IBN OSBPMLEBON ANSSNJPJNGGN
EBDYZ NM UYJ CNQLEP EBNJ QDI KFIJBO BED CJFNMPNSPN
IBLAN UYMMNJPJFGCND CBNSND TFD INJ INLAN QDI
ASYPMLEPND BEK YQC IND EQP DQD MPYDI NJ BD NBDNK
SYDOND DBNIJBOND OYDO QDI DYLE XNED FINJ XUYDXBO
MLEJBPPND MPBNMM NJYQC NBDN PQNJ

“我们应该怎么读？”尼古拉问，“这么乱？”

我们计算了一下，一共有230个字母。

“哪个字母出现最频繁？”我问。施特凡说N是第一位的。其他人计算结束后，发现他的回答是对的。字母N出现了38次。D25次，B21次。字母H，R，V和W根本没出现。

“N就是e。”保罗大声地说，“因为e总是出现频率最高的字母。因此N极有可能代表明文中的e。D有可能是代表明文中的n，因为根据爷爷所讲的，

n是德语中出现次数第二多的字母。”

知道明文的阿丽亚娜笑而不语。她在密文的行间，每个N下写上e，每个D下写上n，以便检验。

TFJMBLEPBO MPBNO NJ IBN OSBPMLEBON ANSSNJPJNGGN

e e e e e e e e

EBDYZ NM UYJ CNQLEP EBNJ QDI KFIJBO BED CJFNMPNSPN

n e e e n n e e e

IBLAN UYMMNJPJFGCND CBNSND TFD INJ INLAN QDI

e e en e en n e e e n

ASYPMLEPND BEK YQC IND EQP DQD MPYDI NJ BD NBDNK

en en n n n e n e n e

SYDOND DBNIJBOND OYDO QDI DYLE XNED FINJ XUYDXBO

n en n e en n n n e n e n

MLEJBPPND MPBNMM NJYQC NBDN PQNJ

en e e e n e e

“谁还知道？”我问。尼古拉嚼完口香糖说道：“现在在第四行，DQD下面是‘n n’。可能是哪个？‘nan’（无具体意义），‘nen’（无具体意义），‘nin’（无具体意义），‘non’（无具体意义）或者‘nun’（现在）？这只可能是‘nun’（现在）。也就是说，Q代表u。”

“当Q等于n时，那么第二行的QDI就是‘un’。”

“这只能是‘und’(和)，I就是d！”莉娜喊得声音非常大，以至于惊醒了睡在她椅子边的乔希。它狂吠起来。

“把我们已经知道的字母先填进去吧。”我大声说道。阿丽亚娜的纸条如下面所见：

TFJMBLEPBO MPBNO NJ IBN OSBPMLEBON ANSSNJPJNGGN
e e d e e e e e e

EBDYZ NM UYJ CNQLEP EBNJ QDI KFIJBO BED CJFNMPNSPN
n e e u e und d n e e e

IBLAN UYMMNJPJFGCND CBNSND TFD INJ INLAN QDI
d e e en e en n de de e und

ASYPMLEPND BEK YQC IND EQP DQD MPYDI NJ BD NBDNK
en u den u n un nd e n e ne

SYDOND DBNIJBOND OYDO QDI DYLE XNED FINJ XUYDXBO
n en n ed e n n und n e n de n

MLEJBPPND MPBNMM NJYQC NBDN PQNJ
en e e u e ne ue

“非常好。”我说，“我们现在已经有3个‘und’(和)。我还观察到了另外一些单词！”

“当然！”施特凡很冷静地说，“目前，第1行IBN下面是‘d e’。这只可能是‘die’(阴性定冠词或者代词)，因此B代表i。”

“没错。”尼古拉非常快地说道，以至于她差点把口香糖咽下去。“最后一行倒数第2个单词是‘eine’(一)，第4行倒数第二个单词是‘in’(在……里)。”阿丽亚娜认真地把这些单词都写在了纸条上。

TFJMBLEPBO MPBNO NJ IBN OSBPMLEBON ANSSNJPJNGGN

i i ie e die i ie e e e e

EBDYZ NM UYJ CNQLEP EBNJ QDI KFIJBO BED CJFNMPNSPN

in e e u ie und d i i n e e e

IBLAN UYMMNJPJFGCND CBNSND TFD INJ INLAN QDI

di e e en ie en n de de e und

ASYPMLEPND BEK YQC IND EQP DQD MPYDI NJ BD NBDNK

e ni u den u nun nd e in ei ne

SYDOND DBNIJBOND OYDO QDI DYLE XNED FINJ XUYDXBO

n en n ied i e n n und n e n de n i

MLEJBPPND MPBNMM NJYQC NBDN PQNJ

i en ie e u eine ue

“倒数第二行，第二个单词。”亚里克斯炫耀道，并用他的黑色主教棋敲击桌面，“它只能是‘niedrigen’(低的)。J一定代表r，O代替g。”阿丽亚娜将其填在密文下面。

TFJMBLEPBO MPBNO NJ IBN OSBPMLEBON ANSSNJPJNGGN

r i ig ieg er die g i ige e er re e

EBDYZ NM UYJ CNQLEP EBNJ QDI KFIJBO BED CJFNMPNSPN

in e r e u ier und drig i n r e e e

IBLAN UYMMNJPJFGCND CBNSND TFD INJ INLAN QDI

di e er r en ie en n derde e und

ASYPMLEPND BEK YQC IND EQP DQD MPYDI NJ BD NBDNK

e ni u den u nun nd er in ei ne

SYDOND DBNIJBOND OYDO QDI DYLE XNED FINJ XUYDXBO

ng en n iedrig en g ng und n e n der n ig

MLEJBPPND MPBNMM NJYQC NBDN PQNJ

ri en ie er u eine u e

紧接着，尼古拉举手发言："第二行，第二个单词：NM，由两个字母组成的单词，一个字母是e。它不可能是'er'(他)，因为J已经代表r。那这个就是'es'(它)，M是s！"尼古拉瞬间突发灵感："Y是a！因为倒数第二行的第三个单词极有可能是'gang'(行走)。"阿丽亚娜继续写下：

TFJMBLEPBO MPBNO NJ IBN OSBPMLEBON ANSSNJPJNGGN

rs i ig s ieg erdie g i s ige e er re e

EBDYZ NM UYJ CNQLEP EBNJ QDI KFIJBO BED CJFNMPNSPN

ina e s ar e u ier und drig i n r e s e e

IBLAN UYMMNJPJFGCND CBNSND TFD INJ INLAN QDI

di e a ss er r en ie en n derde e und

ASYPMLEPND BEK YQC IND EQP DQD MPYDI NJ BD NBDNK

a s e n i au den u n un s and er in e ine

SYDOND DBNIJBOND OYDO QDI DYLE XNED FINJ XUYDXBO

ang en niedrigen gang und na e n der an ig

MLEJBPPND MPBNMM NJYQC NBDN PQNJ

s ri en s iess erau eine uer

"我还知道两个字母。"亚里克斯说道，"最后一行，倒数第三个单词，只能是'auf'(在……上)，不可能是'aus'(从……出来)，因为我们已经有s了。那么，C代表f。第二行第3个单词一定是‘war’(是的过去式)，那么U等于w。”阿丽亚娜的书写已经根不上大家的速度了。

TFJMBLEPBO MPBNO NJ IBN OSBPMLEBON ANSSNJPJNGGN
  rs i   ig s ieg er die g i   s   ige   e er re   e
EBDYZ NM UYJ CNQLEP EBNJ QDI KFIJBO BED CJFNMPNSPN
  in a e s war fe u   ier und   drig i n fr e s e   e
IBLAN UYMMNJPJFGCND CBNSND TFD INJ INLAN QDI
di   e wass er r   fen fie e n   n der de   e und
ASYPMLEPND BEK YQC IND EQP DQD MPYDI NJ BD NBDNK
  a s   en i   auf den u n un s and er in ei ne
SYDOND DBNIJBOND OYDO QDI DYLE XNED FINJ XUYDXBO
 angen niedrigen gang und na   e n der   an ig
MLEJBPPND MPBNMM NJYQC NBDN PQNJ
s   ri   en s ies s erauf eine   uer

现在，大家七嘴八舌地说起来：“倒数第二行第一个单词，S等于l。”

“第一行，第二个单词一定是‘stieg’(上升的过去式)，那么，P等于t。”

“因为正在谈论水，第二行的第4个单词无疑是‘feucht’(潮湿的)，那么，L等于c，E等于h，P等于t。”

“慢点！”阿丽亚娜抱怨道，“我完全跟不上了。”最后，她记录下来的结果如下：

TFJMBLEPBO MPBNO NJ IBN OSBPMLEBON ANSSNJPJNGGN

rs ichtig stieg er die glits chige ellertre e

EBDYZ NM UYJ CNQLEP EBNJ QDI KFIJBO BED CJFNMPNSPN

hina es war feucht hierund drig ihn fr estelte

IBLAN UYMMNJPJFGCND CBNSND TFD INJ INLAN QDI

dic e wassertr fen fielen n derdec e und

ASYPMLEPND BEK YQC IND EQP DQD MPYDI NJ BD NBDNK

lats chten ih auf den hut nun st and er in eine

SYDOND DBNIJBOND OYDO QDI DYLE XNED FINJ XUYDXBO

langen niedrig en gang und nach ehn der wan ig

MLEJBPPND MPBNMM NJYQC NBDN PQNJ

schritt en stiess erauf eine tuer

现在，大家都不再停歇。他们从四面八方喊道：“vorsichtig”(小心)，“glitschige Kellertreppe”（又滑又湿的地下室楼梯），“dicke Wassertropfen”（大水滴）和“zehn oder zwanzig”（10或者20）。谜题终于被解开了，所有人都非常满意。

其他的一些技巧

“一切都进行得非常好。”我说，“还有一些方法也有助于解密单表代替密码。到目前为止，我们还没有使用过。不仅字母有固定的出现频率，单词也有。尤其是短单词。在德语里有：die（定冠词，代词），der（定冠词，代词），und（和），den（der的四格形式），am（在……之上），in（在……之里），zu（到……去），ist（是），dass（连词），es（它）。”

世界名人

海盗的宝藏

第一部侦探小说出自美国作家埃德加·爱伦·坡的作品。他塑造了大侦探奥古斯特·杜宾这个人物。在他写的恐怖小说里，不管是犯人还是无辜者都遭受着折磨和拷问。他们经常患上可怕的恐惧症。凶手最终死于他们错乱的幻想中。

他的另一部小说《金甲虫》则完全是另一种风格。莱格兰德先生发现了一张地图，可以带领他寻找到一个著名海盗埋藏的宝藏。通向宝藏之路的指引是用单表代替密码加密的。发现者成功地将密码破译，并寻找到了宝藏。小说详细地描述了莱格兰德先生是如何破译密码的。

“我是按它们出现的次数排列的。‘die’是出现频率最高的单词。在阿丽亚娜的密文中，我们可以看到，‘die’出现了一次，‘er’出现了三次，‘es’出现了一次，‘und’出现了三次。

两个字母的组合出现也有固定的频率。德语中，‘en’的组合是出现次数最多的，它经常出现在单词末尾。在阿丽亚娜加密的文章中，ND的字母组合出现了7次。正如我们猜出的，N等于e，D等于n。破译者应该注意字母组en，er，ch，te，de，nd，ei，ie，in，es的出现频率。”

“真的有很多的诀窍可以帮助我们破译密码。”莉娜确信地说，并轻挠躺在她身边的小狗。

“事实上，单表代替加密并不是非常安全。”我说，“早在100年前，它就已经被人们所熟知了。只要经过训练，就能够破译长篇的单表代替加密的文章。埃德加·爱伦·坡是这方面的大师。”

破译密码的最初喜悦过后，孩子们陷入了沉思。

“也就是说，根本没有真正的密码。经过努力，我们每一个信息都能被破译！”尼古拉很失望。

“还有我们的日记。”阿丽亚娜补充道，“无论我们怎么保护我们的密码，只要学会了您教给我们的技巧，就都可以破译？”

“就都可以破译？”其他孩子的脸上也充满了失望的表情。

“没有那么糟糕。”我安慰他们道，“马上，我会向你们展示，如何使好奇的破译者日子更加难过。”

我们约定下周同一时间再见。孩子们都到花园里去玩了，只有阿丽亚娜留了下来。

“您认为，其中一个男孩修好了CD播放机？那他之前一定已经破译了我的密码。我刚才留意，今天是否有人在破译时特别地顺利。如果某人在此前已经破译了我给莉娜的信，那么他肯定比其他人知道得更多。他今天在破译的时候就会特别的容易。但是没有人表现得比别人更出色。谁这么卑鄙，阅读了我的秘密信件？”

谁知道答案?

1.请解密下面用单表代替法加密的文章：

ZFSRYO ZXMM UYMYSOR
TYXO
DXOPYS DJYOOYO YT FQ
TBLMYBLRYTRYO
JKUMYXBL TXY PXY
QYXTRY EYXR PFEC LFKYO
ZYOO QFO YT UYMYSOR
LFR XTR QFO FMR
COP LFR DYXOY
HYSZYOPCOU QYLS
PFACYS

2.你能够破译第46页夏洛克·福尔摩斯的密文吗?

3.第64页的密文是什么意思?

“不要忘了，那个陌生人不仅破译了你的密码，还帮你修好了播放机。无论如何，他都不是坏人。”我劝她道，并且希望她能冷静下来。

“我还是觉得这很卑鄙！如果让我知道那个人是谁，我这辈子都不会再见他!”

“即使他觉得解密很容易，他刚刚也可以像其他人一样，思考同样长的时间。他一定是佯装的。”

阿丽亚娜灵光乍现：“嗯，是的！假装的！您是否也注意到，保罗今天几乎一句话也没说？”“为什么？他不想暴露自己。我认为，他就是那个讨厌的家伙！”阿丽亚娜激动地说。

为了让她平静下来，在告别时，我对她说：“在没有任何证据的情况下，不要固执地陷入这样的怀疑。阿丽亚娜，你要知道，不久前，保罗想成为一名警察。警察是不会做不正当事的。”

我聪明的孙女并没有被说服。“违法的事不一定做。偷偷探听的事他已经在警察局做过了。比如，刑事警察科。”

♇♈♄♐♄♒ ♉♀♃♃ ♊♈♃

☽♎♒♈⛢♃♋⛢⛢♀♎☿ ♆☽♎ ⛢☽♎♄☿☉

♊♈♒ ♂♀☽♎ ♄♈☿ ♉♒♆♊♊♀♓♎♀☿

♈☽♎ ♐♈☿ ♄♈☿ ♋☿♉♄♍♀♉☿♄⛢

☉♈☿♂ ♏♄♈♇ ♊♄♈☿♄ ♄♇♃♄♒☿

⛢♆♄♋♑♄♒ ⛢♈☿♂ ♌♄♒♍♄♈♎

♊♈♒ ♂♆⛢⛢ ♈☽♎ ♉♆♄♎☿♄

♐♄⛢☽♎♋♄♃♍♄ ♊♈☽♎ ♈☿ ♆♇♇♄♒

☿♀♃ ♊♆☽♎ ♊♄♈☿♄ ♄♇♃♄♒☿

☿♀☽♎ ☿♈☽♎♃ ♃♀♃ ♋☿♂

⛢☽♎♄☿☉ ♂♄♒ ♀♊♆ ♍♆♄♎☿♄

⛢♀♆☽♎♈♊ ♒♈☿♉♄♇☿♆♃♍

绝对机密——仅限专业人士

保罗得了水痘，为了防止传染别人，他必须待在屋里。于是，亚里克斯、尼古拉、莉娜、阿丽亚娜和施特凡一起来到我这里。莉娜问：“我的日记不能再保密了吗？只因为谁费些工夫都能破译我的密码。”

我安慰她道：“有多种方法可以使想要偷窥你密码的人日子不好过。”

“那我应该怎么做？”

字母e被隐藏

“单词间的空格为我们的解密提供了很多帮助。我们可以了解到，从哪到哪是一个单词。在开始解密阿丽亚娜的文章时，尼古拉一眼就认出了短词‘nun’。如果没有空格的话，这种情况就不会发生。当狡猾的加密者去掉所有的空格时，解密者就无法辨认短词，也就不能再帮他破译了。但他并没有输，当他找全所有的e时，他就可以检查，那些紧挨着e的字母出现的频率最高。字母组合‘en’和‘er’出现次数最多。‘te’、‘de’、‘ei’、‘ie’、‘es’一样，也经常出现。这些可以帮助好奇的解密者继续破译。破译没有空格的单表代替密码很困难，但不是没有可能。

如果你想使自己的密码保密性更强，就必须要模糊经常出现的字母e的频率。”

“我们究竟应该怎么做？”他们问道。

“600年前，曼托瓦公爵办公厅的秘书就已经知道这个方法了。曼托瓦是意大利北部的一座城市。他们写给公爵的信不可以让人人都能读懂。于是，他们就把经常出现的字母用多个符号加密。e在意大利语中也是出现频率最高的字母。于是，每次都用不同符号代替e，下一次就用另外一种符号代替。密码表不仅包括字母，还包含数字。德语密钥表如下图所示。”我说道，并把表格展示给他们：

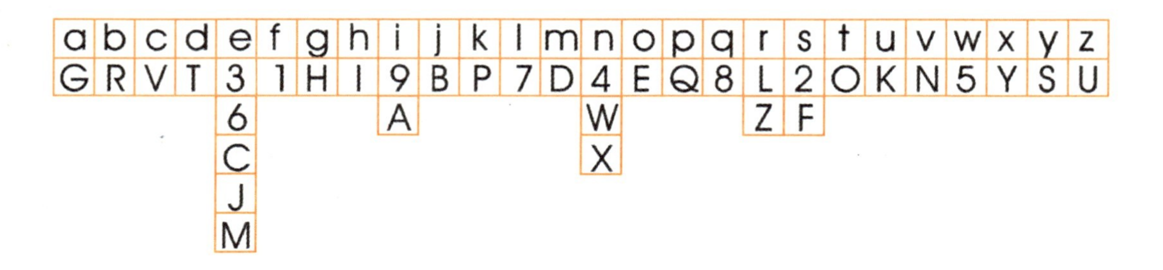

a	b	c	d	e	f	g	h	i	j	k	l	m	n	o	p	q	r	s	t	u	v	w	x	y	z
G	R	V	T	3	1	H	I	9	B	P	7	D	4	E	Q	8	L	2	O	K	N	5	Y	S	U
				6				A					W				Z	F							
				C									X												
				J																					
				M																					

提问

什么是同音密码（homophon）？

这个单词来源于希腊文。单词的第一部分homo，可以从homogen（同性的）了解。它的含义是“同一性别”，经常用来表示“同一种类”。我们可以从单词Telephon(电话)或者Mikrophon（麦克风）理解后缀phon，因为这个希腊单词含义为声音。因此，homophon（同音密码）的含义为发音相同的或者同时的。当多个密文字母表示同一个明文字母时，我们则称此密码为同音密码。

“用这种密钥表，明文e可以用5种不同方式加密。用3，6，C，J或者M代替字母e。如果想加密6个e同时出现的明文‘erdbeergelee’（无具体含义），你可以写成CLTRMCZH67M3。从这个单词中再也无法看出明文中经常出现的字母是哪个。但如果谁得到了密钥表，就很容易得到Erdbeergelee。明文字母i，n，r和s也不能用同一个密文字母代替。这种密钥被称作同音密码。”

更加神秘莫测的：用数字代替字母

“这种多同音密钥安全性如何？”阿丽亚娜问我，因为她不想再失望了。

“哦，”我答道，“人们要绞尽脑汁才能将其破译。第二次世界大战期间，美国物理学家发明了原子弹，它的制造是当时人类最大的秘密，他们使用的表格，类似于曼托瓦加密法，同样是用多个字符代替经常出现的字母。密文是由两个数字组合构成，第一个数字表明表格的行数，第二个数字表明表格的列数。具体表格如下图

	0	1	2	3	4	5	6	7	8	9
0	n	h	e	d	n	e	r	o	i	e
1	e	m	c	s	o	e	b	s	g	n
2	t	r	a	e	t	h	i	e	s	t
3	a	e	g	d	w	r	n	d	n	v
4	i	u	i	k	e	d	c	z	m	s
5	n	s	d	n	t	l	j	l	q	n
6	r	e	b	p	i	n	o	l	i	u
7	e	g	s	e	h	y	e	f	s	a
8	i	n	f	r	u	r	x	r	a	h
9	t	e	c	m	a	e	e	t	e	i

实验

曼托瓦公爵的加密法

利用此书夹页的手工制作，你可以制作出另外一种加密辅助：同音密钥。按照说明，将26个字母和数字1～9剪下来，像抽签中的签一样，放在帽子中。然后摇均匀。抽出一张纸条，将上面写的字母或数字填到加密卡片的方格中。将这张纸条放到一边，再从帽子中抽取一张新的纸条。并将纸条的内容写在新的方格中，然后同样把纸条放在一边。你需要将35张纸条全部从帽子中抽出，并将35个方格填满。现在，你就将属于自己的同音密钥制作完成了。

实验

更多的同音密钥表

在手工制作中，你将找到用来剪切和复制的同音密钥表。当然，你也可以自己制作此密钥表。在一张空表格中绘出10行和10列表格，并如图所示，用数字1～9标出行数和列数。将字母任意写在100个空格中。最后方格中必须有：5a,2b,3c,5d,17e,2f,3g,4h,8i,3l,3m,10n,3o,7r,7s,6t,3u，9个方格中分别有一个字母j,k,p,q,v,w,x,y,z。这样，100个方格被填满。你的密钥表就制作完成了。你必须将它复印一份交到你的密码同伴手中。

所示：

“明文字母d，”我继续说道，“可以是，比如33或者03或者52;E可能是02，09，10，23或者31。就像你们看到的，还有一些数字组合可以隐藏e。

你打算加密一下句子‘wir treffen uns morgen nach der schule’（我们明天下学后见面），可以写成‘344006 54216177829881 696517 930787180950 59941225 337360 721225415723’。莉娜在密钥表的帮助下，可以毫无障碍地解读你的消息。明文中出现5次的e，在密文中分别由61，98，09，73和23代替。没有密钥的人要想寻找被隐藏的e，只能徒劳无获。

当然，你可以不使用这个特殊的密钥表，而是制作自己专门的表格。这种表格具有无数种可能性，这样就可以保证，没有人碰巧得到你的密钥表并破译你的密码。只要未被授权的第三人没有得到你的密钥，你的信件就是安全的。密钥表一旦丢失，就应立刻制作一个新的，并像保护自己的眼球一样地去保护它。

破译者再次出招

我们本来计划在第二天全体会合，但保罗的水痘还没好，只能待在房间里。

过了几天，阿丽亚娜非常气愤地来找我：“那个无赖又破译了我的一封信。

为了戏弄我，他还把明文放在我的写字台上。我在想，您教给我们的多表来代替密码，真是太安全了？！”

我从未听过如此责备的声音。

“你是怎么加密的？”我问她。

“和您说的那样，就跟那位古老的公爵所做的一样。我制作了一个自己特有的表格，并把26个字母加入到1～9的数字中。大部分的明文字母只对应一个密文符号，而e对应5个符号，n对应3个，i，r和s分别对应两个密文符号。您也是这么做的。同时，我也去掉了单词间的空格，只写了一篇很简短的文字。您曾经说过，这种很实用的加密法是不会被破译的。”阿丽亚娜非常不友善地看着我。

“你确定没有陌生人碰过密钥表？”我问道。

“当然没有。”她不耐烦地答道，“我只抄写了一份，原件很好地保存在我书架上的一本特定的书里。并且莉娜也非常小心地收藏着复印件。”

“这是你和她交换的第一份密码信息？”我问道。

“不是，第三份或者第四份。”

“那么，莉娜每次都怎么处理明文？”我接着问。

“她怎么做的？很有可能是把它扔进废纸篓。它也不是什么特别的密码。我们只是试验一下新密码。”

“那她又是如何处理密文的？”我继续查问道。我已经产生了怀疑。

“她把密文也扔了。我们确信密码很安全，而且也没有人能看懂它。况且，它已经被解密了，对我们来说没有价值了。”

我的猜测果然没错。这就是漏洞！

“我可以告诉你，未知者是如何破译你们的密码的！”我说，“他用某种方法偷取了其中一份信息的明文和密文。”

“即使这样，他也什么都做不了啊。”阿丽亚娜说，“这两份没有前文的文章能帮助他什么？而且，他也不知道，我的下一份密文会如何解密。”

“你推想一下！”我回答道，“我们假设，你的明文是：

‘berlin ist die deutsche hauptstadt’。（柏林是德国首都）

你用没有人知道的多表代替密钥表加密。不带空格的密文如下：

NUJ4X1RCVTRGTK6VCEP5P96OV3V9TV

当未知者同时拥有两份文章时，他可以推测出你密钥表的一部分。他知道，你用N替代b，用U，G，K和5代替e，C和3代替s等等。仅仅是这一小部分文章就可以帮他补足你用多表代替密码表的大部分内容：

a	b	c	d	e	f	g	h	i	j	k	l	m	n	o	p	q	r	s	t	u	v	w	x	y	z
9	N	E	T	G			P	R			4		1		0		J	C	V	6					
				U				X										3							
				5																					
				K																					

这个密钥表虽然不完整，但根据它，你已经可以破译其他的密文了。试一试下面的密文：

7496NCVT6T9C3U3O964R3V

你可以猜测出缺少的密码符号7代表的字母。所以当你阅读完明文后，必须将它销毁，否则它将泄露你的密钥表。”

阿丽亚娜点头，表示认同。

“你确定，那人不可能是保罗？”我问。

“这个问题我也想过。”她答道，“因为水痘，保罗上个星期都待在房间里，他不可能把纸条放在我的写字台上。”

“那么，现在只有亚里克斯和施特凡了。”我说。

“您设想一下。”她大声说道，“有可能是施特凡——我那可恶的小兄弟！”

007事件

生活中叫做詹姆斯·邦德的英国特工007，大半夜在酒店的酒吧中，和牙买加的世界小姐跳舞。她有某些地方显得不太正常。她为什么这么害怕？她为什么一再询问他的下一个计划？她是否为当地魔鬼党大头目布洛菲尔德工作，眼下在跟踪邦德？对此，他需要证实一下。

第二天早上，当世界小姐多米诺在餐厅吃早餐的时候，他悄悄地溜进了她的房间。房间的门虽然是锁着的，但这个对他没有难度。服务员还没有打扫过房间。邦德在废纸篓里找到了一张揉皱的纸条，上面写道：

j a m e s b o n d w o h n t h i e r i m h o t e l e x

X E Z M B S G 3 R 9 G H Y 7 H T O L 8 Z H G 7 1 Q 2 U

c e l s i o r z i m m e r e l f

D F Q B 8 G L K T Z Z O N 2 Q W

（明文翻译为：詹姆斯·邦德现在住在怡东酒店11号房间）

很明显：明文和用多表代替加密的密文。

突然，有人敲门。邦德没有应声。

“小姐，您的传真。”酒店服务生边说边把一张纸从门缝中塞进来。上面写道：

K9O8Z8QQTGY1YRGQQENQTF623H8MLW5MLR8DHS2LFT7913Y
R5ZTLXEZOISG3RSL8Y6B77G7GRMLQFS2YRT6SQGWMQR

邦德思忖片刻，知道他已经陷入危险中。

信息是什么内容？

纷乱错杂

水痘并没有把保罗和小伙伴们分开。过了一段时间，所有的孩子，包括住在隔壁的亚历克斯和尼古拉，都长了小疱。但这并没有妨碍他们和我见面。

于是，整个侦探俱乐部的成员又重新聚集在我这里：施特凡、莉娜、亚里克斯、尼古拉、保罗，还有我最机敏的批评家——阿丽亚娜。为了使他们满意，我讲述了一个发生在很久以前的故事——不是传说！

“你们知道，什么是一代人？”我开始说道。

沉默。他们集体陷入了沉思。

莉娜首先打破沉默。她说：“就像现在这样。我们在座的这些人不就是一代人吗？”

“除了爷爷！”挑剔的施特凡强调道。

“那当然。”莉娜补充道，“爷爷属于另一代人。应该是祖父母那一代。”

“不言而喻，在您和我们之间是父母那代人。”保罗补充道。

“当然!”我说，“一代，这个概念已经清楚了。两代人之间的间隔平均是多长时间？”

沉默。他们集体陷入了沉思。最后，我将答案告诉了他们：“25年，100年间有四代人。”

施特凡立刻换算道：“这样算的话，爷爷的父母一定是在100年前出生的。”

“嗯，是的，差不多。”我说，“我的母亲，你们的曾祖母，出生于1898年。现在，我们计算一下：公元前500年至今，一共有多少代人？”

沉默。他们再一次集体陷入了沉思。

终于，尼古拉低声说：“我们生活的年代，粗略地算作2000年。加上之前的500年，一共是2500年，对不对？”

施特凡自认为自己的计算能够胜过尼古拉。于是，他扯着嗓子大声地算道：“2500除以25等于100。”

“十分确切。”我说，“现在，我开始讲述发生在很久很久以前的故事，这绝不是一个传说。100代人之前，也就是你们的曾曾曾曾……（100次曾）曾祖父生活的年代，那时的古希腊城邦战火不断，和今天许多地区一样不幸。战争时期，知识就是力量。谁能够查明敌人的动向，谁就是战无不胜的。当时，希腊人想出许多诡秘的战斗方法，以便尽最大可能对其作战计划和战斗策略保密。”

实验

皮带密码

剪几条约1厘米宽的细长的纸带，并将纸带粘接成约0.5米长的带子。现在，你需要一个厚纸筒或者一根圆木棒。如果没有的话，可以用被锯下的扫帚柄末端代替。然后，把纸条绕在纸筒或者木棒上，如下图所示。为了防止纸带松开，你可以试着用胶条将带子两端固定住。如果可以的话，最好用胶水将纸带两端轻轻地粘在滚筒上，只要纸带不再松开就行。然后，如下图所示，在卷好的纸带上写下你的信息。当你将纸带再松开后，就没有人能够辨认出初始信息了。

有人得到纸带后，必须用相同厚度的滚筒或者木棒才行。每个密码都有一个密钥。此处，密钥就是滚筒的直径。

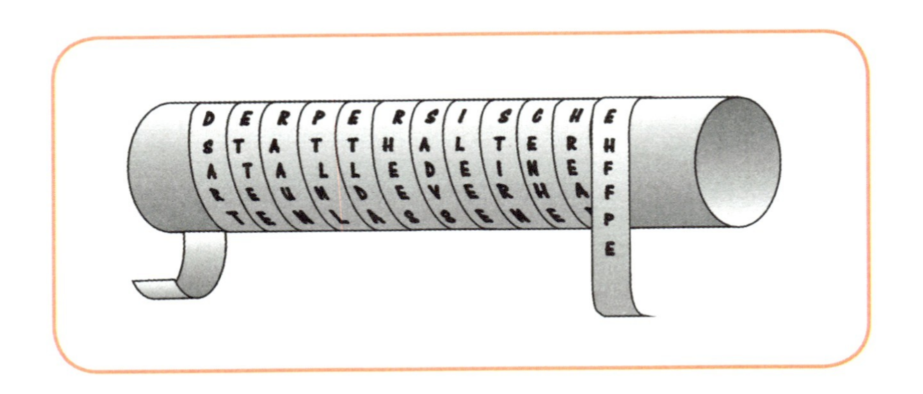

他们其中的一种加密法被称作skytale（滚筒密码）。这个希腊单词的含义为“棍棒”。希腊人拿一根木棒，比如，一根结实的扫帚柄，然后，用一条皮带反复绕在棍棒上。将明文信息逐行书写在皮带上。当皮带从棍棒上松开后，就没有人能读到原始信息了，他只能看到一串毫无规则的字母。当收信人把皮带重新绕在相同直径的棍棒时，密文则又被解密。”

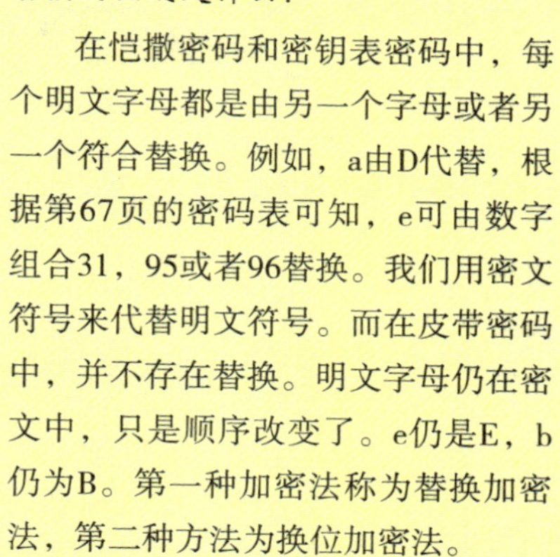
提问

替换加密法和换位加密法的区别是什么？

在恺撒密码和密钥表密码中，每个明文字母都是由另一个字母或者另一个符合替换。例如，a由D代替，根据第67页的密码表可知，e可由数字组合31，95或者96替换。我们用密文符号来代替明文符号。而在皮带密码中，并不存在替换。明文字母仍在密文中，只是顺序改变了。e仍是E，b仍为B。第一种加密法称为替换加密法，第二种方法为换位加密法。

侦探俱乐部的成员花了一点时间用滚筒和纸带制作信棒。我们在纸带上写上内容，然后把它松开，内容就无法阅读。我们又把纸带绕上，则信息又出现了。

“希腊人就用这么容易的加密法？这种方法太不实用了！每个孩子都能将它破译！您是想让我从现在起，就用皮带或者纸带加密吗？”阿丽亚娜问道，“那样的话，我的日记会有好几千米长。”

“今天的我们当然很容易破译这种纸带。”我辩护道，“但在那个时代，100代人之前，由于斯巴达海军将领吕山德破译了滚筒密码，获悉了敌方雅典人的阴谋，而赢得了决定性的海战。那时的加密技术还没有深远发展。它要比恺撒密码早500年。”

“恺撒密码要比它先进20代人。但他的密码也不是特别精巧啊。”阿丽亚娜答道，并挑衅地看着我。

“吕山德和恺撒的密码虽然很容易看懂。”我对此表示同意“但两者之间有一个重要的区别。恺撒密码是由其他符号替代字母，如a由D替代，而吕山德密码则只是改变字母的顺序。当然，还有更为复杂的换位加密法，就不会那么容易地被破译出来。”我边说边向他们展示了一张事先设计好有9个正方形开孔的厚纸板。

密钥模板

“现在，谁来告诉我一个明文。”我对孩子们说。

“那我们就用‘Hänschen klein’（小汉斯，德国有名的儿童民歌）吧。”亚里克斯说。

我拿了一张白纸放在桌子上，再把黑色模板放在纸上，用铅笔沿着纸板的四边画上线条。这样，在纸上就出现了一个正方形。“在我们使用模板的时候，它必须一直放在这个正方形中。”我说。

首先，我将白色箭头位于右上方的模板放在正方形中。并逐一在开孔中写下字母“haenschen”。然后，我顺时针转动模板，并使它一直处于正方形里。现在白色箭头位于右下方。此时，就看不到“haenschen”

了。现在，我在空格中写下：“kleingeht”。然后，我转动模板，白色箭头将位于左下方，再写下：“alleinind”。再旋转一次并写下：“ieweitewe”。当我把模板撤走时，在纸上写有36个字母，如下图所见：

h	k	a	a	e	l
i	n	e	e	i	l
n	l	w	s	e	g
e	c	i	e	h	i
e	t	h	e	n	t
w	i	n	n	e	d

“那么现在，”我说，“逐行抄下密文。”结果如下：

HKAAEL INEEIL NLWSEG ECIEHI ETHINT WINNED

“从密文中再也不能辨认出单词‘hänschenklein’了！但是，每个人都知道所有字母都已经写在正方形中。谁拥有模板，谁就可以读懂文章。模板就是密钥，只允许收信人再拥有一个。当你们需要写更长的信息时，就必须要填写更多这样的正方形。”

像平时一样，阿丽亚娜对此并不满足。

“那么，现在‘hänschenklein’被隐藏起来。莉娜，怎么才能读懂它呢?”

“莉娜来示范。”我说，“你们将会看到这是多么的容易。莉娜，请把右上方带有箭头的模板放在铅笔画的正方形中，并读取开孔中的字母。然后，转动模板，使箭头位于右下方，再读取新的9个字母。然后，再将箭头旋转至左下方，最后是左上方。在这4次旋转中，‘hänschenklein’又重新出现在我们面前。”

莉娜旋转4次模板的示意图如下：

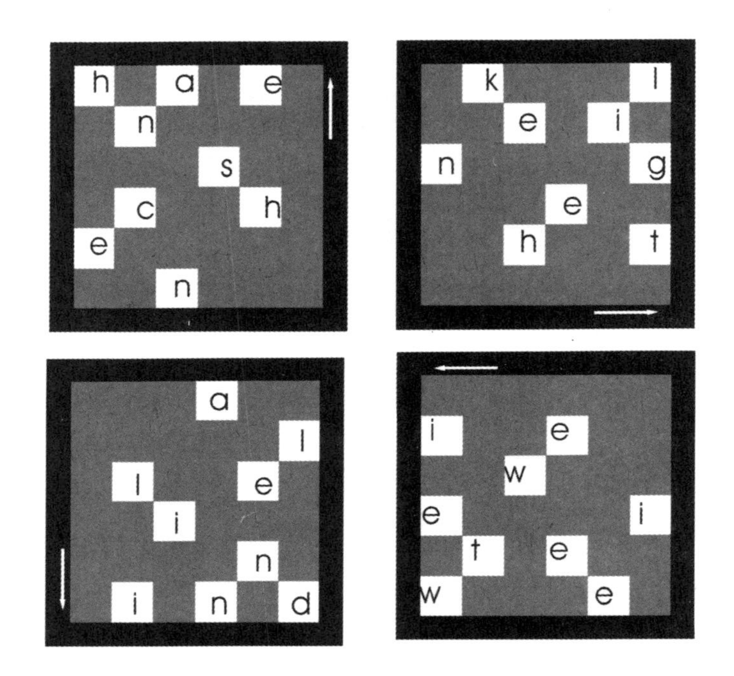

密钥模板给孩子们留下了深刻印象，甚至包括善于批评的阿丽亚娜。“我马上就去剪一个这样的模板。”她决定道。

“太好了，阿丽亚娜，看来你也对这个很满意。”我说，“但是，孩子们，9个小窗子的位置不是随便剪的。”

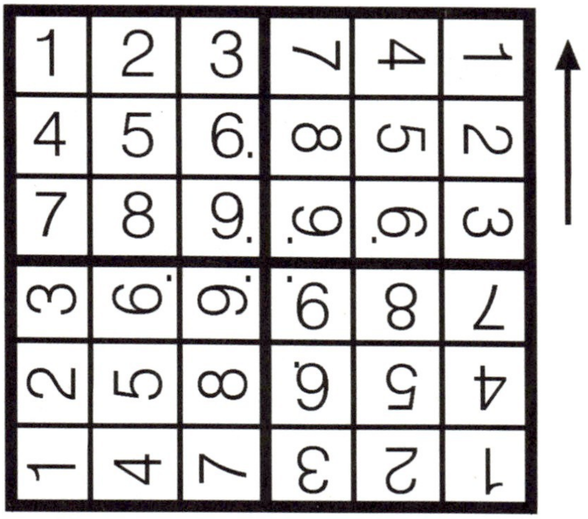

1	2	3	7	4	1
4	5	6	8	5	2
7	8	9	9	6	3
3	6	9	9	8	7
2	5	8	6	5	4
1	4	7	3	2	1

↑

实验

制作弗莱斯纳模板

选取此书中间手工制作部分弗莱斯纳模板那页下面的图片。此模板由4个小正方形组成36方格的大正方形。其中，每个小正方形由编号为1～9的方格构成。你需要剪下编号从1到9的9个方格，这9个方格可来自4个小正方形中的任何一个。例如，你可标记左上方的数字1，左下方的数字2和3，右上方的数字4等。最终，标出9个方格，再将它们剪下。你的弗莱斯纳模板就完成了。你还可以复制多个原型模板，然后剪出不同的密钥模板。发信人和收信人必须使用同一种密钥模板，这样才能加密和解密共同的信息。

总是跟随箭头的方向

“在这4种可能的位置中——箭头位于右上方，右下方，左上方和左下方——模板必须覆盖所有36个方格，没有一个方格被覆盖了两次。因此，模板必须由特定的样板制成。另外，100多年前，奥地利人奥伯斯特·爱德华·弗莱斯纳发明了此模板。从那时起，它就被称为弗莱斯纳模板。”

侦探俱乐部的6个接班人以他们所制作的模板为荣。我们同时进行测试，4种不同旋转位置是否能使36个方格全部而且仅出现一次。6个模板全都顺利完成了测试。

不出所料，精明的阿丽亚娜又开始在鸡蛋里挑骨头。“好吧，这个并不难。”她承认道，“以后，莉娜和我可以通过只有我们知道的模板互通消息。但是！”她伸出食指强调道，“有可能发生这种巧合，别人模板上的开孔和我的一模一样。这样的话，我的密码就没有任何意义了。是这样吧？”

“有这种可能，但可能性不大。”我安慰她道。

数字和记录

当然会有这种可能性，别人制作的模板正好和你的一样。但这种模板有65536种不同的制作方法。两次做出同一种模板的可能性几乎为零。

很少单独出现的恺撒密码

第二天下午，阿丽亚娜单独来找我。

“您愿意再教我一些安全性更高的密码吗？”她说，“今天我有一整天的时间。我们觉得，弗莱斯纳模板不太实用。莉娜和我还必须一直随身携带着模板。”

“那好，我们再尝试一下替换密码。”我说道，“还有另外的一种不容易破译的替换加密法。因为，这个密码需要我同时使用多个密钥表，用不同的恺撒密码给明文中的字母加密。过去的密钥表也可以直接用。”

“应该怎么加密？”她问。

“我们用恺撒密钥a–A为第一个明文字母加密，第二个明文字母用a–B加密，以此类推。”我答道。“以句子‘heute regnet es’（今天下雨了）为例：第一个用恺撒密码a–A，则h由H代替。”

“多好的加密法啊，没有人能猜出来。”阿丽亚娜嘲笑道。

“等一下。”我答道，“下一个明文字母：用下一个恺撒密码，也就是a–B加密，e由F代替；第3个字母，用恺撒密钥a–C，则u由F代替；第四个字母，用恺撒密钥a–D，则t由W代替；第五个字母，恺撒密钥a–E，则e由I代替。那么‘heute’（今天）就变为HFWWI。这个密文便是：HFWWI WKNVND PE。明文中显露的字母e出现了5次，而在密文中并没有字母如此频繁地出现。如果想根据密文而推测出明文的破译者，则需要花很长时间。”

阿丽亚娜拿出密钥圆盘、纸和铅笔，坐到了桌旁。她没有说一句话。很明显，她想尝试一下。

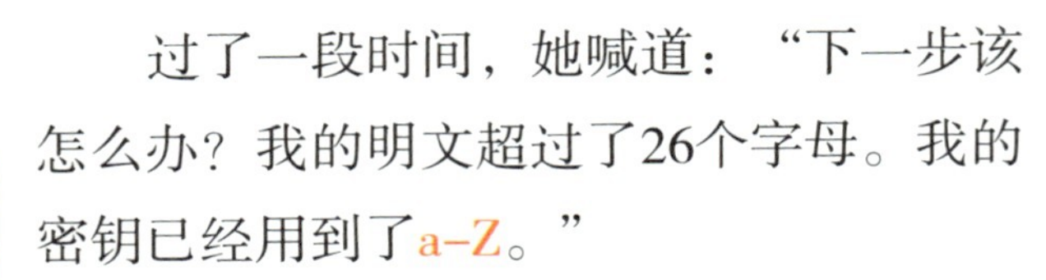

过了一段时间，她喊道：“下一步该怎么办？我的明文超过了26个字母。我的密钥已经用到了a–Z。”

“可重新用恺撒密钥a–A。”我答道。

谁知道答案？

谁能破译阿丽亚娜的密文？

阿丽亚娜找到了窍门，很顺利地将余下的信息加密。

“这真是太棒了。您能破译我的信息吗？”说着，她把一张纸条塞进我手里。

PSKPE AUU VDX LZ JSGTV AVB IQO LNCI UR ZJX ZKQVFQFGTBE

我开始从内圈向外圈破译：据恺撒密钥a–A，我开始找内圈密文字母P相对应的外圈明文字母，也是p，则p变为P。下一个恺撒密钥a–B，内圈S对应的外圈字母是r。恺撒密钥a–C，则K对应i。恺撒密钥a–D，则P变为m，最后是密钥a–E，则E变为a。第一个单词是‘prima’(出色的)。然后，我寻找密钥圆盘a–F位置中B对应的字母，我发现外圈是v。我接着破译，直到密文单词LNCI。密文字母N用密钥a–Z，则N成为o。下一个密文字母，我又重新转到位置a–A，则C变为c。于是，我一个字母接着一个字母，一个恺撒密钥接着一

世界名人

说谎者约翰尼斯

特里腾海姆是摩泽尔附近的一座小镇。1462年2月1日，约翰尼斯·海登堡在此出生。尽管他的童年很贫困，但他从没有放弃过学习。17岁时，他来到海德堡。当地大学的教授惊叹于他的聪明才智，虽然他交不起学费，教授还是决定留他在此学习。从那时起，他改名为特里特米乌斯。在他20岁那年的冬天，从海德堡回家的途中，他被一场暴风雪所困，被迫在斯蓬海姆的本笃会修道院中避难。他非常喜欢那里，并且决定留下来。于是，他成为了一名修道士，没过多长时间，他被选为修道院院长。他不但是著名的学者，也很善于说谎。他曾声称，在一个小时内，教会了一位王子拉丁文，这个王子是个文盲。

他假装知道，用哪些咒语可以让小偷将偷来的东西全部还给所有者。因为他的谎言，他必须离开斯彭海姆的修道院，后来，他去了维尔茨堡修道院，并在那里写下了许多著作，其中一本是关于密码的。他享年54岁，在他去世后，他写的关于密码的著作被出版了——这是第一部以密码为题材的书籍。

个恺撒密钥地破译。

“该密码的发明者约翰尼斯·特里特米乌斯，生活在距今五百年前。他的一生都是在修道院中度过的，他不仅是一个聪慧的人，并且还是一个善于自吹自擂的人。”我说，“正如你看到的，我们现在使用的不只是一个密钥表，而是依次使用26种不同的密钥表。这种加密法被称作多表代替加密。它再也不会那么容易地被破译了。”

我很了解阿丽亚娜的洞察力。于是马上补充道：“特里特米乌斯之后的许多意大利学者完善了他的加密技术。今天，研究密码学的学者都知道布莱斯·德·维尼吉亚。因此，现在我向你们展示的这种加密方法，叫维尼吉亚加密。”

提问

什么是多表代替密码？

只使用一个密码表加密的方法是单表代替加密（monoalphabetisch）。使用多个密码表加密的方法被称作多表代替加密(polyalphabetisch)。它源于希腊单词polys，含义是“多”。

腊肠犬加密

“为什么我们一定要按照a–A，a–B，a–C，a–D……的顺序加密？”我问，“人们可以使用不同的恺撒密码，以另一种顺序加密。我会向你们展示一个例子。首先，我们需要一个容易记住的单词，作为密钥。我们就用单词‘DACKEL’吧。当我们加密明文时，就根据不同恺撒密码的顺序加密。”

世界名人

密码专家

布莱斯·德·维吉尼亚生活在距今480年前。他的时代和我们生活的时代之间相隔20代人。在他出生的前一年，人类进行了有史以来首次环游地球航行。

布莱斯·德·维吉尼亚出生在法国中部地区。后来，他成为一名外交家，并在青年时期游历了欧洲多国。作为一名博学多才的学者，他一生著有20部书。其中一部600页的著作是专门研究各种不同密码的。大部分是多表代替加密法。我们在这里讨论的，以他的名字命名的密码，只是他众多密码中的一种，而且不是他保密性最高的密码。尽管如此，这个密码还是会与他的名字永远地联系在一起。

“举个例子吧，爷爷。”阿丽亚娜向我请求道，“这样更容易理解。”

“好的。”我同意道，“我们今天还是来加密明文‘heute regnet es’（今天下雨）。我将3个单词没有空格地写下来，然后将密钥字母重复地写在明文上。这样，每个明文字母上面都对应一个密钥字母：

D A C K E L D A C K E L D

h e u t e r e g n e t e s

现在，我用密钥a–D加密第一个明文字母，则h变为K。第二个明文字母用密钥a–A加密，则e变为E。第三个明文字母，密钥a–C，则u变为K。密钥a–K使t变为D，密钥a–E使e变为I，密钥a–L使r变为C。第一个Dackel加密已经完成。然后，又开始密钥a–D加密，则e变为H。第一个DACKEL加密后的密文为KEWDICH。”

阿丽亚娜坐在窗户旁，在纸条上写着东西，旋转她的圆盘。然后再写，再转，删除一些字母，然后再从头开始。最后，她给了我一份新的秘密信息。我读道：

GU JKWE JAT XMNKT DOQPUKV NEDV DGB VPJEP

VEPQGUD EFIGGRSPUT JKX

“因为我知道密钥，所以可以很容易地就将其破解。”我补充说道。

于是，我把密钥单词重复地写在密文上面：

DA CKEL DAC KELDA CKELDAC KELD ACK
GU JKWE JAT XMNKT DOQPUKV NEDV DGB
ELDAC KELDACK ELDACKELDA CKE
VPJEP VEPQGUD EFIGGRSPUT JKX

我开始解密，旋转圆盘至密钥a–D，G变为d。密钥a–A使U成为u。于是，我们得到了单词‘du’(你)。a–C位置J对应h。密钥a–K使K变为a。用密钥a–E，W变为s，最后，密钥a–L使E对应t。因此，明文是‘du hast’(你有)。

“没错，解密完全正确！”

“但是，加密和解密的时间相当长。来回拨弄转盘也使人心烦气躁。”阿丽亚娜评论道。

“你可以使加密和解密都变得容易些。”我说，“你不要每个字母都转动一次密钥圆盘。当你加密明文‘du hast……’的第一个字母时，密钥表调至a–D，你可以一次将所有密钥字母为D的密文替换为明文，密文中出现的第二个J，第二个K，第一个U，第二个V，第三个J等。破解第二个密文字母时，你将密钥表调至a–A。这个没有特别之处，U还是u，A还是a等等。破解第三个密文字母时，你将密钥表调至a–C，然后将所有密文字母上面是字母C的替换。按此方法，继续替换。运用这个方法，当密钥是单词时，就无须经常转动密钥圆盘。”

阿丽亚娜失去了耐心

“尽管如此，爷爷。”我聪明的孙女发牢骚道，“还是要延续很长时间！”“是的，它确实需要花很长时间。破译这个密码的时候，人们需要有足够的耐心。耐心正是破解此密码的关键所在！而你，阿丽亚娜做到了。你有这个能力。你非常适合你这个美丽的名字。”

“我的名字？为什么？”12岁的阿丽亚娜非常惊讶。

“你叫阿丽亚娜不是没有缘由的，对吧？”

“缘由？不知道啊，只是爸爸和妈妈给我起了这个名字，叫阿丽亚娜。我不明白您的意思，爷爷。”

“你知道，你的名字阿丽亚娜是以谁的名字命名的吗？”

“不知道！”

“你想知道吗？”

“当然！”

“是源于一位世界闻名的国王女儿的名字。”

“真的？”

“当然，是一位真正公主的名字。她的父亲是米诺斯。”

“米努斯？”

“不对，是米诺斯。米诺斯王国位于地中海上的希腊克里特岛。他在宫殿旁建有一座庞大的建筑群，建筑内建有一条数千米长，漆黑一片的走廊。人们称整个建筑群为迷宫。在迷宫的中心部位住有一个可怕的牛首人身的怪物——米诺陶洛斯，它以食人肉为生。每隔几周，国王米诺斯都要将一个童男或者童女关进暗无天日的迷宫里那永无尽头，曲折迂回的通道中。没有人能够活着从迷宫中跑出来，他们都被米诺陶洛斯吃掉了。国王米诺斯的女儿虽然知道这件事，但她对这个恐怖的食人怪物也没有办法，直到有一天，一位来自雅典的美男子扬帆来到这里。他叫忒修斯，是一位王子。公主和王子一见钟情。这对情侣，每次都十分秘密地约会。没过多久，克里特岛国王女儿猜到了她心爱的王子漂洋过海来到这里的原因，他要彻底地阻止用活人喂养米诺陶洛斯。王子想独自一人在迷宫深处找到怪物，并用手中的利剑把它砍成碎泥。公主非常钦佩她的忒修斯，但同时，也为他的生命安全担忧。她非常清楚：即便忒修斯能够杀死食人的米诺陶洛斯，但在他完成英雄事迹后，也不可能从蜿蜒曲折的迷宫中走出来，只会死在那永无尽头的、漆黑一片的通道中。热恋中的公主急中生智，在趁人不注意的时候，把一个线团交给了忒修斯。她将线团的一端系在了迷宫入口处，忒修斯拿着线团，手中握着利剑，走入了暗无天日、纷乱复杂的通道。当他小心地在通道中摸索时，线团就慢慢地滚开了。长时间的四处乱走之后，他碰到了米诺陶洛斯，并在争斗中杀死了它。现在，忒修斯只需将松开的线团重新卷起，就可以从通道中走出来了。他成为了第一个活着找到迷宫出口的人。在明媚的阳光下，聪慧的国王女儿正在等着她心爱的人。尽管他浑身上下沾满了米诺陶洛斯的鲜血，她还是非常幸福地拥抱着他。因为害怕凶恶的国王米诺斯，两个彼此深爱的人躲藏了起来。直到夜幕降临，他们才乘着忒修斯的船逃离了克里特岛。”

“如果他们没有死去，那么他们现在还活着。”阿丽亚娜嘲讽地说，“啊，爷爷，童话！童话！而且，这和我有什么关系？”

“我亲爱的阿丽亚娜，你的名字就源于这位克里特岛聪明的公主。她的名字是阿里阿德涅（Ariadne），之后由此演变为意大利语的阿里安娜（Arianna），再后来则转变为法语的阿里阿娜（Ariane）。至今，人们还用阿里阿德涅之线比喻解决错综复杂问题的线索。而你，我亲爱的阿丽亚娜，将成为破译如迷宫一样精巧加密密文的聪明公主。为此，人们需要很长，很长的阿里阿德涅耐心之线——现在，童话时间结束！开始工作吧！”我说道，“请看，字母的出现频率被隐藏起来了。明文中谁知道答案?

1. 解密第90页以‘du hast’开头的句子。

2. 用维吉尼亚密码加密句子‘die loecher sind die hauptsache bei einem sieb’(网洞是滤网中最重要的部分)。密钥词为‘DACKEL’。

的e被4次替换为P，两次为G，一次为O，还有一次为E。此外，密钥DACKEL很容易被记住，你也可以很快地替换它。当你感觉到有人获悉了你们的密钥词，你们可以立刻商量一个新词来代替。你只需低声地告诉莉娜：现在，密钥是KATZE(猫)。密钥词越长，加密就越难被破译。密钥BERNHARDINER(雪山救援犬)的安全性高于DACKEL(腊肠犬)，而DEUTSCHERSCHAEFERHUND(德国牧羊犬)的安全性最高。”

新的灾难出现了

第二天，阿丽亚娜又来到我的工作室。她几乎尖叫着说道：“他又做了，现在我知道他是谁了！”

“谁知道，人物，事情，方法，时间，地点，谁又做了？”我一头雾水道，“阿丽亚娜，请跟我说明白。从头开始，一件一件地讲。”

阿丽亚娜平静下来，并恢复了正常状态，“我写信给莉娜，告诉她我对男生的想法，举例来说，我不喜欢他们带耳环或者耳钉。第二天，我碰到亚里克斯。我立刻感觉到，他和平时看起来不一样。然后我注意到，他没有带耳钉。所以我知道亚里克斯读了我的信。”

“他耳钉可能正好丢了。”我补充说道，以便缓解她对亚里克斯的强烈不满。

“那么巧，和我写信是同一天？爷爷，您自己也不相信吧？我马上问他，他是不是一直在看我们的秘密信件。他对此并没有否认。整个对话期间，出于尴尬，他一直在手里揉捏他的幸运使者，那个古怪的黑色棋子。他真是卑鄙！”

“他并没有真正伤害你们。”我为亚里克斯辩解道，“他没有在你们的日记中窥探到什么秘密，只是读了你们简短的信件。我很钦佩亚里克斯，他能破译各种加密方法。他脑袋很聪明啊。”

“不管聪明不聪明，他都很卑鄙。我也是这样跟他说的，而且我以后再也不会和他说话了。对我来说，他就是空气，从现在起，直到永远。”一旦阿丽亚娜生气了，就很难平复，“可这个自吹自擂的家伙是怎么做的？”

“原则上，”我开始说，“只要人们具有足够的耐心和时间，非常多的时间，每个密码都可以破译。一些密码也需要些技巧，这样可以更快达到目的。亚里克斯很可能运用了破解技巧。我可以解释给你听，如何将一个用密钥词DACKEL加密的密码破译出来。”

“我当然想知道这个窥探者是如何能够阅读我的信件的！”阿丽亚娜说。

如何破译维吉尼亚加密法

阿丽亚娜一直在生亚里克斯的气。“只有莉娜和我知道密钥。他应该很清楚，我们根本就没有写下密钥。”她确定无疑地气冲冲道。

“你能向我透露一下密钥词吗？”我问。

“现在不会再有密码了。它是单词HUND(狗)。”

“那么，我们就用它来加密一下明文。”我边说边在纸上写下一行明文，并在它上面重复写密钥词：

HU NDH UNDHUN DHUN DHUNDH
es war einmal eine mutter

U N D　H U N D H　U N D H U N　D H U N D H
d i e　h a t t e　s i e b e n　k i n d e r

（明文：es war einmal eine mutter die hatte sieben kinder的译文：从前有一个母亲，她有7个孩子）

“我们只能使用恺撒密码a–H，a–U，a–N，a–D。”

“那当然。”阿丽亚娜说。

“第一个，第五个，第九个字母和在这之后每四个的明文字母，都是用恺撒密码a–H加密。”我说，“首先，我们观察一下，密钥字母H位于其上的明文字母。字母位于1，5，9，13，17，21……，也就是字母r，m，i，u，r，h，e，b，k，r……它们都用恺撒密码a–H单表加密。如果文本很长的话，你就需要费些工夫找出明文字母所对应的密文字母的出现频率。”

“我不明白。”阿丽亚娜说，“我怎么知道，在密文中，每隔4个字母选取一个？”

“因为密钥词HUND有4个字母。”我回答道。

“您看，这就是问题的关键！”她回答道，“如果我知道密钥词有多长，那我就知道选取哪些字母，但破译者却无法知晓。”

“你说得有道理。但只要他有足够的耐心，就可以将不同长度的密钥都试验一遍。”

“这样非常耗费精力。”阿丽亚娜认为。

“没有密钥的解密就是很辛苦的。你需要有足够的耐心。尤其是，当密钥词不像HUND这么短的时候。密钥越长，需要试验的时间就越长。而你所使用的较短的密钥词也很容易被陌生人破译。”

“那我应该怎么办？”她问。

《马克斯和莫里茨》加密

“密钥词越长，加密越安全，甚至整篇文章都能作为密钥词。你可以和莉娜商量，用《马克斯和莫里茨》里的部分内容作为密钥。这部威廉·布什插图故事的开头是这么写的：

Ach, was muss man oft von bösen Kindern hören oder lesen!Wie zum Beispiel hier von diesen, welche Max und Moritz hiessen.Die,anstatt durch weise Lehren sich zum Guten bekehre,oftmals nur dar ü ber lachten und sich heimlich lustig machten.

(啊，关于坏孩子的事，所闻所读，其数难计！就像这两个孩子，名叫马克斯和莫里茨；他们非但不从贤明的教育转而走上正路，还经常加以嘲笑嬉戏，暗生乐子。)

现在，你想重新加密句子‘du hast gar nicht bemerkt dass der regen laengt……’(你根本没有发现，早就下雨了……)，将密钥写在明文上面，并为每个明文字母上面所对应的密钥字母加密：d用a–A加密，u用a–C加密，h用a–H加密，a用a–W加密。则得到以下内容：

A C H W A S M U S S M A N O F T V O N B O E S E N
d u h a s t g a r n i c h t b e m e r k t d a s s
D W O W S L S U J F U C U H G X H S E L H H S W F

K I N D E R N H O E R E N O D E R L E S E N
d e r r e g e n l a e n g s t a u f g e h o
N M E U I X R U Z E V R T G W E L Q K W L B

W I E Z U M
e r t h a t
A Z X G U F

当然，此处你也不必每个单词都调节一次密钥圆盘。当你在解密第二个密文字母时，把圆盘调节至a–C处，你就可以破译所有C位于其上面的密文字母了。这样，无论文章多有长，你最多只需调节25次密钥圆盘。

当我想解密时，就同时写下密钥和密文，然后调节每个字母所对应的密钥并寻找圆盘内圈的密文字母。与之对应的就是外圈的明文字母。于是，我得到了：

A C H W A S M U S S M A N O F T V O N B O E S E N
D W O W S L S U J F U C U H G X H S E L H H S W F
d u h a s t g a r n i c

K I N D E R N H O E R E N O D E R L E S E N
N M E U I X R U Z E V R T G W E L Q K W L B

W I E Z U M
A Z X G U F

“太好了，现在我可以一直用马克斯和莫里茨加密了！”阿丽亚娜喊道，“但愿这次会顺利。谁会想到，我会使用哪本书作为密钥。”

“但要小心！”我提醒她，“当莉娜和你，你们两个人的每封信都是用密钥‘ACHWASMUSSMAN……’开始，那么第一个明文字母总是用恺撒密钥a–A加密，第二个总是用a–C，第三个总是用a–H。也就是说，在你们的信件中，所有第一个，第二个，第三个以及后面的明文字母都分别是用单表代替加密的。一

谁知道答案?

再次加密句子“die loecher sind die haupsache bei einem sieb”（网洞是筛子最重要的组成部分），这次用《蓬头彼得》第51页的内容作为密钥。

旦谁拥有了你们之间足够多的信件，就能够从中观察所有第一个，第二个，第三个字母，并辨析出所有被暴露的e。这就和其他的单表代替加密信息没有区别了。”

阿丽亚娜表现出了明显的失望。“这么说，这个密码也不是很有价值了？”她问。

“不是。”我安慰她道，“只要你们每次给新信息加密时，密钥文章都从上一次加密时结束的地方继续，这样，你们每个信息都使用不同的密钥，字母e就不会暴露。你们也可以偶尔转换密钥文章，不从《马克斯和莫里茨》的开头—— ACHWASMUSSMANDOCHVONBOESEN……开始，而是以两个捣蛋鬼的所有恶作剧，第一个至第七个，作为密钥，以诗行：MAXUNDMORITZWEHEEUCHJETZTKOMMTEUERLETZ-TERSTREICH开始。”

最后，阿丽亚娜似乎对我所讲解和所展示的关于维吉尼亚加密法的各种类型的困难知识还算满意。

暑期临近结束，阿丽亚娜和施特凡要返回柏林，我的女婿从瑞士开车来接莉娜和保罗。他俩将乔希装进车里。临行前，保罗低声对我说，他想成为一名赛车手。之后，我们的房子又恢复了往日的平静和空旷。

我可以理解阿丽亚娜对亚里克斯的愤怒。但是，我一直也对她说，极有可能，他并不是想侦查出你们的秘密。我认为，他只是想证明他是最厉害的密码破译者，没有密码可以难倒他——就好像是一次比赛一样。

我们共同度过的假期就这样结束了。我总能收到来自瑞士的明信片，内容自然是加密过的。亚里克斯和尼古拉待在这里，他们总是来找我，并询问有什么新的密码。阿丽亚娜会偶尔从柏林发邮件给我。一切都很平静，直到最近这封不完整的邮件的出现。

结果好，一切就好

收到阿丽亚娜从柏林发来的不完整邮件的两天后，我的邮件接收又恢复了正常。现在，整个信件呈现在我的电脑屏幕上。大部分内容我已经知道了，末尾处是“然后……”，余下的内容是：

<<<<<<< UZ GSUEW VWU QUKAB TRLE SAA MNL NMTHLVLGW
TEV TCB DQ LYIE TLOX AUD MVKZ JLDINYXSZGPK JV
ZLB KSR NXCAHC KGYE HRLNW SUQEJI

我必须要进行解密。我已经破解了密文的第一部分内容，阿丽亚娜是用我最后所教的马克斯和莫里茨密钥加密的。她只是换了另一个密钥文章，不是威廉·布什。我重新找出《长袜子皮皮》这套书，然后将没有用过的密钥文章写在密文上面：

U S K O M M E N U N D M I T I H N E N S P I E L E N S O L L
U Z G S U E W V W U Q U K A B T R L E S A A M N L N M T H L
T E N S I E P L A U……
V L G W T E V T C B……

现在，我可以用圆盘继续破译恺撒密钥a-U。圆盘上，U对应字母a。下一个密文字母：恺撒密钥a-S，Z成为h。接着是w，e，i和s：“weiss”（知道）。我一点点艰难地破译文章。最后，明文出现了：

“……ah weiss ich nicht mehr als ich aufwachte……”（啊，当我醒来时，我什么也不知道……）余下的文章透露出，是亚里克斯救了她。

我立刻打电话给在柏林的她，阿丽亚娜正好接听了电话。她的父母没在家。这样也好，她肯定不想让她的父母知道这场“事故”。很有可能，他们不让她在克龙姆·兰克湖上滑冰。

某个周末，施特凡邀请亚里克斯去柏林。两个男孩想在绿色森林中结了冰的湖上打冰球。尽管阿丽亚娜一直视亚里克斯为空气，她还是跟着去了，因为她想滑冰。她给我讲述时，像以前一样的激动：“冰面突然裂开一个大缝，我掉进冰冷的湖水中。我试着爬上冰面，并已经触到冰面——但要么从冰上滑落下去，要么冰面又裂开了。我看到，亚里克斯趴在冰面上，四肢尽量伸展，慢慢地向我爬过来。‘拉我出来！’我大喊。就在这时，他抓住了我的胳膊。‘现在你又和我说话了。’说着，他已经抓住了我大衣后面的风帽。我俩趴在冰面上，向岸边匍匐前进，尽可能让更大的冰面平摊我们的体重。哎呀，当我们上岸后，我们欢呼雀跃起来！”

“谢天谢地！”我如释重负。

“当我们安全之后，我紧紧地拥抱着亚里克斯，并给了他深深的一吻。围观的人鼓起掌来。亚里克斯脸变得通红，非常害羞。我想，当我松开他的时候，他肯定很高兴。幸运的是我没有感染肺炎。于是，我们马上赶回家了——我浑身湿漉漉地走在小兄弟施特凡和我的救命恩人之间。当我冲完热水澡，穿上舒适暖和的衣服，亚里克斯已经在厨房等我了。他用微波炉加热了一大杯有许多蜂蜜的牛奶。

‘这是给你的。’他说着，并看着地面。

‘怎么了？’我问他。亚里克斯轻轻地答道：‘嗯，刚刚发生了一些事。但我还不知道它的含义是什么。我需要平心静气地将它解密。’哎呀，爷爷，我觉得他真是太可爱了！

顺便提一下，在冰上的时候，他一直随身携带的国际象棋棋子从兜里掉了出来。我们没有找到那枚黑色主教棋。我会用我的零用钱再给亚里克斯买一枚新的。”

谜题练习答案：

为了使解密更复杂，更有趣，我在答案中混入了两个错误。你找到了吗？

一个秘密信息的出现

第17页：
答案为德文
译文：SOS 我们撞上了冰山下沉着，快来救我们！

第19页：
答案为德文
译文：有人掉下水了！

第22页：
答案为德文
译文：生日快乐。

第23页：
Ilse bilse keiner willse

第25页：
答案为德文
译文：阿丽亚娜不是傻瓜，
亚里克斯也不是。
爷爷教我们密码，
爷爷是懒虫。

军事统帅恺撒的遗产

第31页：

答案1：RWIULHG SUHXVVOHU VEKULHE GLH JHVFKLFKWHQ

YRP UDHXEHU KRWCHSORWC

答案2：是德文

译文：莉娜是我的表妹。

第32页：

答案是德文

译文：我很高兴过暑假。

第34页：

以下答案均应为德文，译文如下：

a–I: 长袜子皮皮。

a–S: 宠物小精灵。

a–S: 暑假。

a–Y: 水痘。

a–L: 两个男孩爬梯子。在上面的男孩很机灵，在下面的男孩很笨，突然从梯子上摔下来。

a–I: 两个男孩穿过一片庄稼。一个人在后面，一个人在前面，没有人在中间。由此可见没有第三个人。

第39页：

答案是德文

译文：昨天我坐公交车。

第41页：

答案是德文

译文：明天数学课后我们在校园里见。

帽子里的秘密

第42页：

答案是德文

译文：（敲击符号）你好！爷爷。

密码解密

第57页：

1. 答案是德文

译文：等待是最好的学习时间。

但孩子们却最不会利用这些时间，

虽然他们大部分的时间都用来等待。

当他们想学习的时候，已经老了，

并且不能再运用这些知识了。

2. 我们明天9点在银行后门见面。

看守会在10点钟巡查，我们等他巡查结束后。

（有两个素描小人你们一定要特别注意，它们看起来很相似，容易混淆。一个代表a，一个代表n）

3. 我不会透露这篇文章的答案。最终，你必须独自将文章解密。但我会给你一个提示：这首诗写于约100年前。那个时代，还没有银闪闪的CD，只有黑色唱片。播放唱片的机器叫做“留声机”。我现在几乎已将答案说出了。当间谍获得了明文中的某一个特定的单词，破译密文就会变容易。

绝对机密 —— 仅限专业人士

第65页：

答案是德文

译文：你认为是保罗吗？

第66页：

答案是德文

译文：当你把詹姆斯·邦德带到我这里，不论是生还是死，放在这儿的2000美元就是你的，布洛菲尔德。

很少单独出现的恺撒密码

第76页：

答案是德文

译文：太好了，从现在起我可以这样加密了。

第82页：

答案1是德文

译文：你根本就没有注意到雨早就停了。

答案2：GIG VSPFHGB WTQD FSI SDURDWLFHG LIT HIPOQ DLED

第85页：

HAK TBKUWEQ AMEH QDS YDYBMGRGPR LSP PXRGT JIFF

结果好，一切就好

第87页：

答案为德文

译文：……啊，当我醒来时，我不知道怎么躺在岸上的亚里克斯把我救出来的。他是一个聪明的家伙。你的阿丽亚娜。

插图

信息框插图和手工制作由安特耶·冯·施特姆设计

第3,4,31页
@作者：海蒂·费尔滕，儿童摄影室，乌尔大街4号，88299 乐特吉尔西–奥斯南市

第14页
《邮票密语》，选自CorelDraw软件中的剪贴图片资料库

第18页
旗语，@作者：沃尔夫拉姆·克拉菲茨，《海员字典》，德利乌斯·克拉津出版社，比勒菲尔德/柏林，1973

特别鸣谢“Schlumpi”，犬摄影模特

参考文献

第2页

作者：阿斯特丽德·林格伦，《皮皮在霍屯督岛》，弗雷德里希·玉婷歌尔出版社，汉堡1969年，第111页

第58页

作者：约阿希姆·林格尔纳茨，选自《诗歌全集》中的儿童祈祷一篇，第欧根尼出版社，苏黎世，1997年，第379页

密钥圆盘 部件2（大）

制作方法：

1. 分别剪下大小两个圆盘。不要忘记圆盘中心的圆孔。可依照第一页的描述，使用泡沫塑料钻圆孔。

2. 将两个圆盘中较小的圆盘放在大圆盘上面，这样，可以从正面看到所有的字母。

3. 将一个书钉（见右上图）穿过两个相互叠在一起的位于圆盘中间的圆孔。

将转盘背面的书钉的两条“腿”向两边折弯。

现在，你可以旋转有两圈字母的圆盘并制定你自己的密钥了。

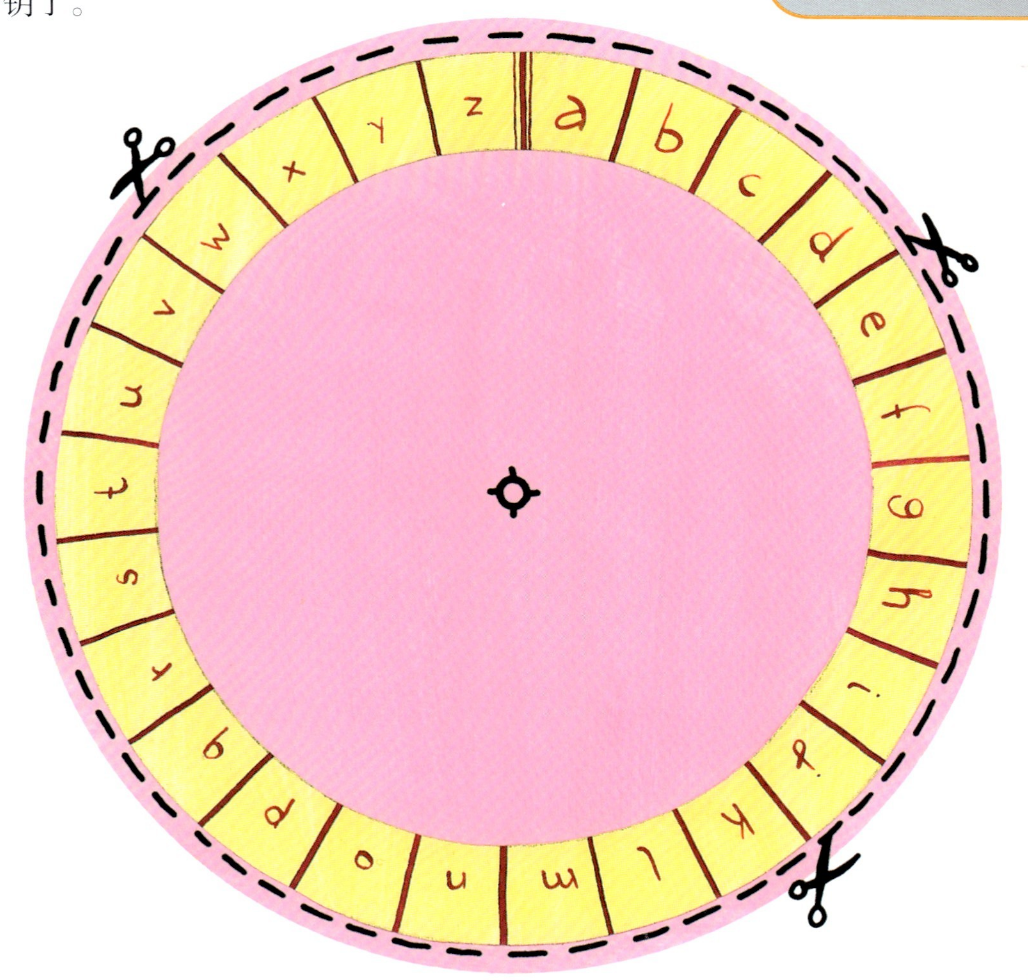

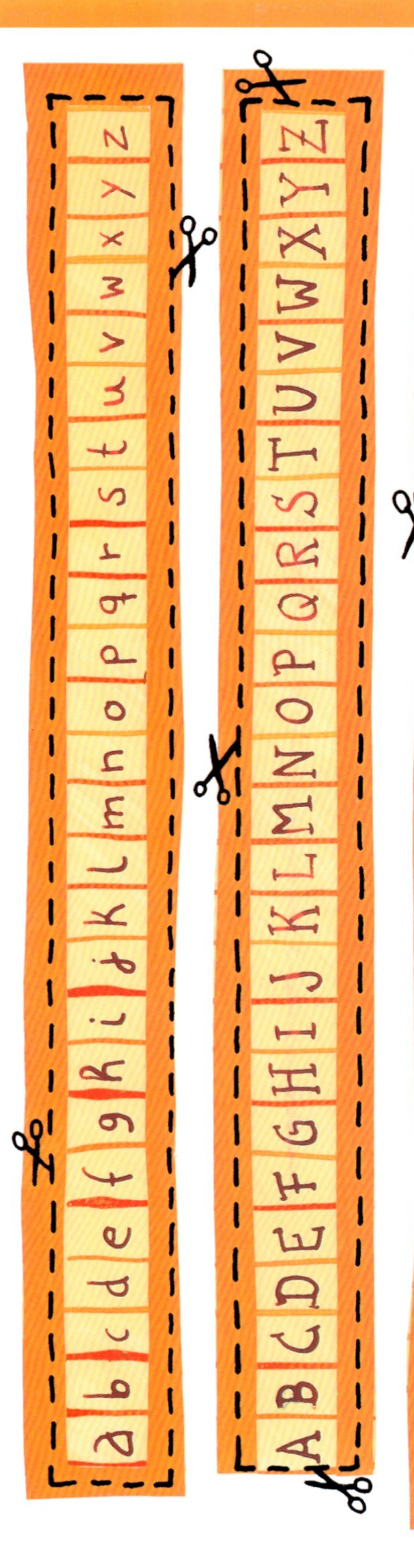

纸带加密

制作方法：

在标记处粘贴两条大写字母纸带，使两个字母表可以前后相连。

小写字母纸带原地不动。

如果想了解如何使用此纸带加密和解密，详见本书第38页。

同音字密钥——博彩

制作方法很简单：

剪下所有字母和数字的方格。如何使用这些方格，详见本书第72页。

同音密钥表格

	0	1	2	3	4	5	6	7	8	9
0	n	h	e	d	n	e	r	o	i	e
1	e	m	c	s	o	e	b	s	g	h
2	t	r	a	e	t	h	i	e	s	t
3	a	e	g	d	w	r	n	d	n	v
4	i	u	i	k	e	d	c	z	m	s
5	n	s	d	n	t	l	j	l	q	h
6	r	e	b	p	i	n	o	l	i	v
7	e	g	s	e	h	y	e	f	s	a
8	i	n	f	r	u	r	x	r	a	h
9	t	e	c	m	a	e	e	t	e	i

制作方法也很简单：

1. 剪下两张卡片。

2. 按照你的意愿，将5个a，2个b，3个c，5个d，17个e，2个f，3个g，4个h，8个i，1个j，1个k，3个I，3个m，10个n，3个o，1个p，1个q，7个r，7个s，6个t，3个u，还有各一个v，w，x，y和z，分别写入下面的空白方格中（内容详见本书第73页。）。

弗莱斯纳模板

制作方法：

1．剪下两张卡片。

2．按照第一制作页所描述的，使用泡沫塑料制作方孔。

上面的卡片，正如此书第81页所描述的，是一个弗莱斯纳模板。

下面的卡片，按照此书第84页讲解的方法，划去9个方格，再将它们剪掉。

用于更多加密的实用影印本!

此两页纸保留在书上!

这是不同解密手法的影印本。你可以带此书去你信任的复印店，并随意复印，页数由你决定——这样，你手里总有足够用的表格，加密或破密新密码!

同音字密钥表格

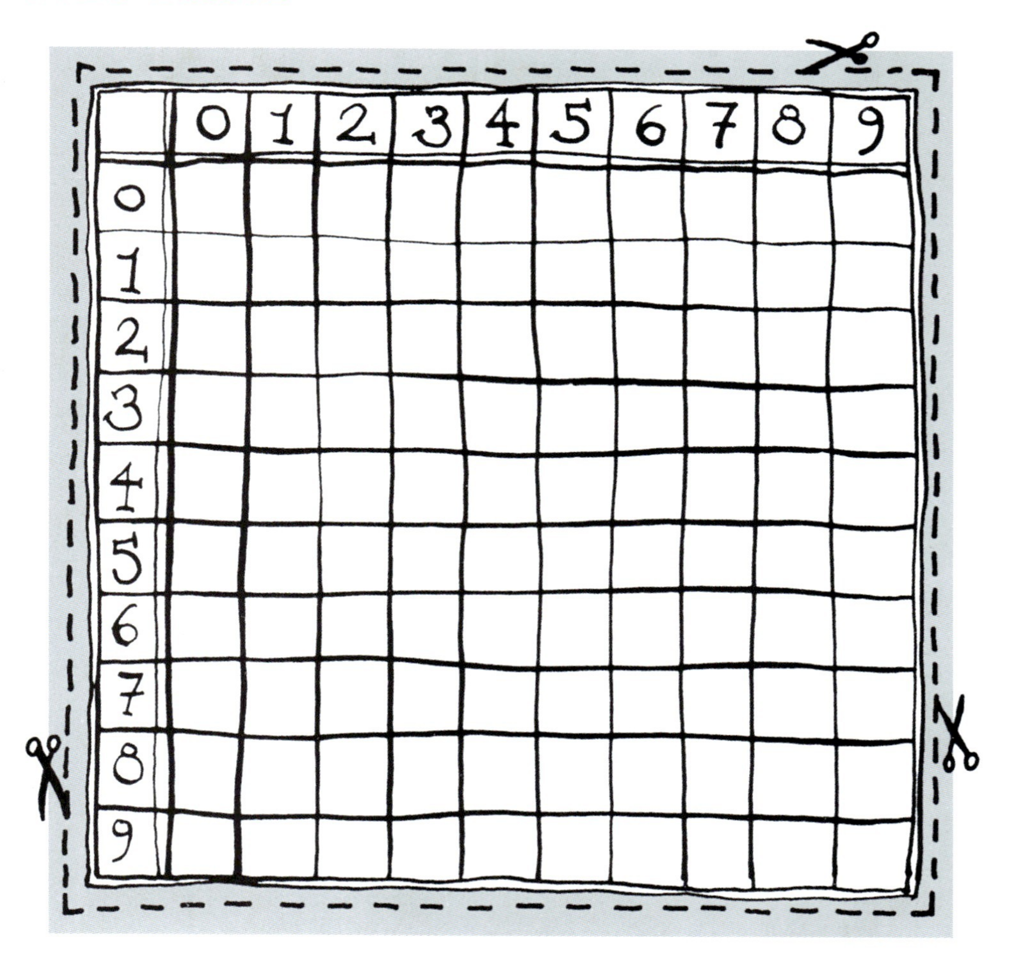

	0	1	2	3	4	5	6	7	8	9
0										
1										
2										
3										
4										
5										
6										
7										
8										
9										

同音字密钥——博彩

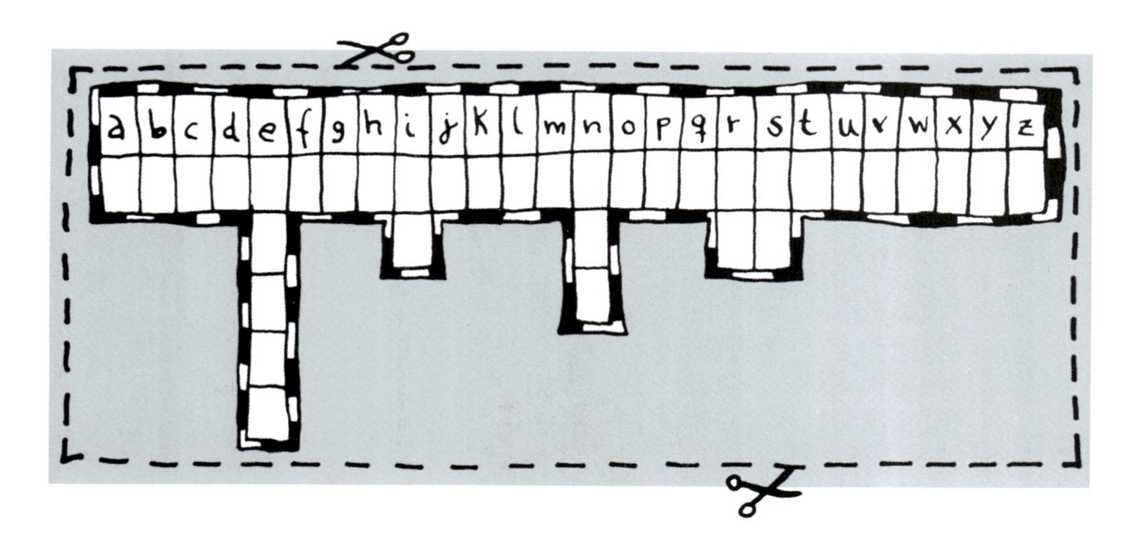

弗莱斯纳模板